自殺する種子●目次

はじめに――なぜ種子が自殺するのか

種子は、生命を育み、生命を次世代に伝えていくという、生物のもっとも大切な、もっとも根源的な存在のはずです。その種子が、自ら生命を絶ってしまう！　これはいったいどういうことでしょうか。生物の生命にかかわる部分で、いま、私たちの想像もつかない大変なことが進行しているのです。

アグロバイオ（農業関連バイオテクノロジー〔生命工学〕）企業が、特許をかけるなどして着々と種子を囲い込み、企業の支配力を強めています。究極の種子支配技術として開発されたのが、自殺種子技術です。この技術を種に施せば、その種から育つ作物に結実する第二世代の種は、自殺してしまうのです。次の季節に備えて種を取り置いても、その種は自殺してしまいますから、農家は毎年種を買わざるを得なくなります。

この技術は別名「ターミネーター・テクノロジー」と呼ばれています。『ターミネーター』という映画（一九八五年、米国）をご覧になった方もあるでしょう。アーノルド・シュワルツェネッガー演じる最強の殺人マシーン〈ターミネーター〉が、未来世界の革命軍を指揮するジョン・コナーの母を抹殺するために、未来世界から送り込まれます。そして、同じく未来世界から彼女を守るためにやってきた青年カイルと死闘を繰り広げるという、SFアクションです。母が抹殺されればジョン・コナーは生まれず、この世に存在しなくなります。次の世代を抹殺する自殺種子技術の非道さは、まさに映画の殺人マシーン〈ターミネーター〉と重なります。

この技術の特許を持つ巨大アグロバイオ企業が、世界の種子会社を根こそぎ買収し、今日では、種子産業が彼ら一握りのものに寡占化されています。彼らは、農家の種採りが企業の大きな損失になっていると考え、それを違法とするべく活動を進めているのです。

本書では、巨大アグロバイオ企業が支配しつつある世界の食の構造を可能な限り正確に報告するとともに、その支配からの脱却の道も考察します。巨大企業の野望に対し、反撃もはじまっているのです。その一つが、二〇〇八年、米国カリフォルニア州で可決された企業の特許侵害賠償請求から農民を守る法律です。この法律に署名したのは、シュワルツェネッガー知事でした。なんとも不思議な因縁ではないでしょうか。

第一章

穀物高値の時代がはじまった

変貌する世界の食システム

上昇傾向を維持する穀物価格

二〇〇九年三月現在、穀物価格は、〇八年秋までの異常高騰時に比べれば大幅に下がりました。それは、異常高騰の主犯である投機・投資ファンドマネーが穀物の商品市場から引き上げたからです。しかし、穀物価格は、これまでの低価格の時代から大幅な上昇傾向に転じたことは、グラフに見るとおり明らかです。

小麦の国際価格は、異常高騰がはじまった〇七年後半から〇八年を除けば、この一〇年の最高値にあります。大豆も同様です。とくに米の国際価格は、かつてない高値圏にあります。米は自給用作物であるため、国際貿易に回る量は薄く（生産量のわずか六〜七%）、逼迫すると価格の急激な上昇に見舞われて、輸入に頼る国は大きな打撃を受けることになります。また米は世界で一番生産量が多く、四億トン以上も生産されてはいるのですが、消費量が生産量を上回る状態が続いています。世界の穀物の期末在庫率は、〇八／〇九年度は一五・五%しかなく、ＦＡＯ（国連食糧農業機関）が定める安全在庫水準一七〜一八%を大幅に下回っているのです。

いのち綱である穀物の国際市場の激変を見据え、私たちは、これまでの農政、あるいは

主要穀物、大豆の国際価格の推移（2000年４月〜2009年２月）

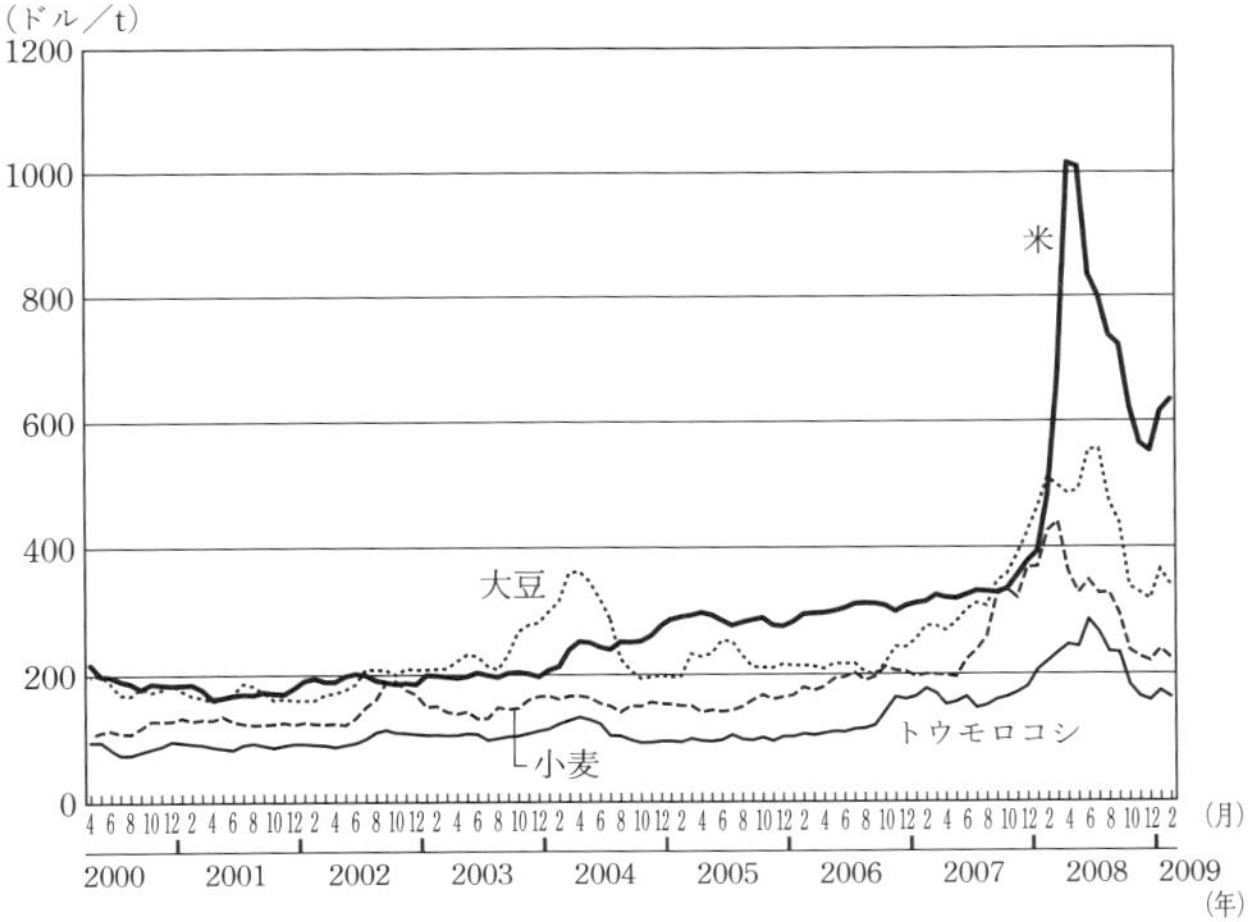

IMF "Primary Commodity Prices" より
備考：トウモロコシ及び小麦は米国産、大豆はシカゴ商品取引所先物、米はタイ米

WTO（世界貿易機関）などの国際ルールを変えなければ立ち行かない時代に入ったことを認識する必要があります。

飢えに直面する人々

穀物は長い間、安くていつでも輸入できるものだったのが、二〇〇七年以来様変わりしました。そして記録的な食糧価格の暴騰は途上国の貧しい人々を直撃したのです。ハイチは国民の八割が一日二ドル以下で暮らす最貧国ですが、米の値段が前年の一・五〜二倍に上昇、市民が暴徒化する騒ぎになりました。〇八年四月、首相が解任されて、政府崩壊の危機となったのです。ハイチの飢えた人々が泥ビスケットを食べている、バングラデシュの多くの人々が一日一食に追い込まれた、メキシコではトウモロコシから作る主食トルティーヤの価格が上昇し、街頭で数万人規模の抗議デモが行われた、等々の報道は記憶に新しいところです。

三三カ国もの国で、飢えに直面した人々の怒りで政権を揺るがす大規模な抗議行動やゼネストが起きました。一方、食糧輸出国のインドやヴェトナム、エジプト、カザフスタンなどでは、穀物業者が利益を狙って高値の国際市場へ輸出してしまうため、国内向け食糧を確保するために輸出制限に踏み切るということも起きています。

途上国は押しなべて農業国といえるのですが、農業国でなぜ飢えるのか。それは世界銀行が指南してきた開発モデルに従い、債務を返済するために地場の自給農業をやめて、農地ではもっぱら先進国向けの換金作物を生産しているからです。バナナ、サトウキビ、綿花、コーヒー、パーム椰子などを生産し輸出する、穀物は米国やフランスなど先進国からの輸入に依存するという構造を押しつけられてきました。

世界銀行やIMF（国際通貨基金）の「助言」に従って自給農業を犠牲にした結果、主食を金で買うしかない、こうした貧しい国々が穀物高騰の直接的影響を蒙ったといえます。

ＦＡＯによれば、これらの国々の穀物輸入額は、一年間で五六％もの急増となっています。また国連の世界食糧計画（ＷＦＰ）では、毎年七八カ国の七三〇〇万人に食糧援助をしていますが、高値のため穀物を買うことができず、五億ドルの追加支援を求めています。アフリカでは、一日一食のＷＦＰの給食でいのちをつなぐ多くの子どもたちが、まっさきに飢えに直面しています。

先進国の思惑で押しつけられた、穀物を輸入に依存する構図――これこそ途上国に飢えをもたらした根本原因です。自国の農地で優先的に生産すべきは、その国に住む人々の食料であるべきです。ＩＭＦやＷＴＯ、世界銀行によるグローバリズムを推進してきた国際分業論は破綻したと見るべきでしょう。

現在の穀物の高騰は一時的なものでなく、長期的に継続すると見られています。穀物を輸入に頼っていては飢えに直面せざるを得ない時代になったといえます。

穀物はなぜ高騰したのか

穀物高騰の主な要因として指摘されているのは、（一）バイオ燃料の拡大、（二）気象変動による減産、（三）新興経済国の穀物需要拡大、（四）投機マネーの流入、（五）輸出規制、です。以下それぞれについて、簡単な解説を試みてみましょう。

◆バイオ燃料の拡大

世界一のエネルギー消費国である米国は、原油生産量がピークを迎え減産に転じたことから、石油を節約してその分をバイオエタノールで補うことにしました。トウモロコシのでんぷんを糖化して発酵させ、エタノール（アルコール）を取り出し、これをガソリンに混ぜて自動車燃料とするのです。穀物メジャーのアーチャーダニエルミッドランド（ADM）社が、大量に抱えるトウモロコシのエタノール加工に意欲的で、これを主導してきた背景があります。現在、政府の手厚いバックアップを受け、ADM社は、米国バイオエタノール産業のトップとなっています。

いまでは全米のトウモロコシの三割がバイオエタノール用に振り向けられた結果、食用向けが逼迫して高騰しました。トウモロコシが高値で取引されることから、農家は大豆や小麦の生産をやめ、トウモロコシへ転換するようになりました。生産量の減少で小麦と大豆も価格が上がりました。

原油の値上がりもバイオ燃料ブームを引き起こした一因です。ブラジルは、一九七〇年代はじめの石油ショックの際、いち早く自動車のバイオエタノール化を推進し、サトウキビによるバイオエタノール燃料の普及が進みました。また、バイオディーゼル燃料（油糧作物から抽出した油脂をディーゼル自動車の燃料にする）として、大豆の生産も拡大しています。

原油価格も、穀物と同じく、投機・投資マネーの商品市場への殺到で価格急騰となりましたが、現在はそれらのマネーが引き上げられたため急落して一服しています。しかし、原油の採掘可能な埋蔵量はピークを過ぎて減産期に入っているため、安い石油の時代は終わったと見られています。先進諸国では、石油節約のため、バイオ燃料の需要が高まっているのです。

ブラジルは優位なバイオ燃料を次世代の輸出産業と位置づけ、生産を拡大しています。バイオ燃料業界は活況に沸き、大地は次々とサトウキビ畑や大豆畑に変わりつつあります。また、アマゾンの森林も広範囲に伐採されています。温暖化防止をうたうバイオ燃料ですが、CO_2吸収源の地球の肺といわれるアマゾンの森林破壊を進めているのでは元も子もありません。

また、燃料用であればと、トウモロコシや大豆が遺伝子組み換え（GM）品種に切り替わっています。米国のトウモロコシの八割、大豆の九割以上（二〇〇八年）がいまではG

M品種です。このことがいずれ、米国の自然環境や農業に悪影響を与えるのではないかと懸念を覚えます。

米国の前ブッシュ政権が発表したエネルギー政策では、エタノール向けトウモロコシの需要量は、五三七七万トン（〇六／〇七年度）から、一〇年後にはなんと一億二四四六万トンとしています。自国の生産だけでは足りませんから、輸入することになります。すでにアフリカ諸国、インドネシア、マレーシアなど途上国に投資がなされ、バイオ燃料の大規模生産と輸出入が国際的に行われています。

キューバのカストロ前議長は、食用作物を自動車燃料に消費することは人類に対する犯罪である、と厳しく批判しました。こうした批判の高まりに、非食用植物（アブラギリなど）もバイオ燃料として研究が行われていますが、農地での大規模栽培は同じように食料生産を奪うことになるのです。バイオ燃料は、貿易商品として大量生産すれば弊害が生まれます。そうではなく、地元の資材（バイオマス）を活用した地産地消の自給的小規模エネルギーとしてなら有用だと思います。

◆気象変動による減産

気象変動による気象災害が頻発するようになりました。オーストラリアと米国の干ばつ災害や、ヨーロッパの低温と大雪による不作など主要な穀物輸出国が減産となりました。

食料自給率二三七％と世界トップの農業大国オーストラリアは、〇六年、「千年に一度」といわれる大干ばつに襲われ壊滅的な打撃を受けました。〇七年も干ばつが続き、小麦の収量は平年作の半分以下に激減、〇八年も三割以上落ち込む見込みです。米はわずか一％、水不足に苦しみ、離農する農家が続出しています。この先地球温暖化が進めば、干ばつはより頻繁になるでしょう。異常気象への人々の不安は、〇七年一一月、京都議定書を批准しなかったハワード首相を退陣に追い込み、温暖化対策を前面に掲げたラッド政権が誕生しています。

〇八年末から、今度は中国の穀倉地帯の各省が深刻な干ばつ被害に見舞われ、小麦が枯れるなどの被害面積は、日本の国土の約四分の一に当たる一〇〇〇万ヘクタールに迫っています。とくに小麦の主要産地である河北・山西など八省では、小麦の作付面積の四五％が干ばつ被害にあい、政府は建国以来初の緊急干ばつ対策を発動しました。

また南米の農業大国アルゼンチンが、この五〇年間でもっともひどい大干ばつで穀物の収穫量が大幅に減少、非常事態宣言を出しました。牧草が枯れ、餓死した肉牛がいくつも転がる映像は悲惨です。

このように、気象大変動と地球温暖化のもと、穀物輸出国が輸出国でいられるかどうかは、まったく不確実になったことを教えられます。

◆新興経済国の穀物需要拡大

経済成長著しい中国で食品の大量消費が進んでいます。中国では所得の増加に伴い、肉や牛乳・乳製品、油の消費が増大。一人当たり年間肉消費が一九八〇年の一四キログラムから二〇〇〇年には五〇キログラムに増加しました。一三億人の中国人が平均五〇キログラムの肉を食べ、牛乳を飲み、植物油をたくさん摂る食生活に変わることは、飼料用、搾油用の穀物が巨大な中国市場へ流れ込むことになります。

ところで肉消費世界一は米国で、一人当たり一二三キログラムと突出しています。肉類一キログラムを生産するのに七キログラムの飼料穀物(トウモロコシ換算)を必要とします。肉の多食がどれほど多くの穀物を途上国から奪っていることでしょう。先進国が、肉の多消費で肥満や心臓病の増大に苦しみ、一方、途上国では穀物が不足して飢えに苦しむ——この矛盾がさらに拡大しています。

畜産物1kgの生産に要する飼料穀物の量

鶏卵	鶏肉	豚肉	牛肉
3 kg	4 kg	7 kg	11kg

2003年度農林水産省食料自給率レポート試算より
備考：トウモロコシ換算

◆投機マネーの流入

食糧と原油の高騰の要因として投機マネーが批判されています。〇七年夏の米国のサブプライムローン問題に端を発し、金融危機が大きく広がりました。そのために投機筋や投資ファンドの膨大な資金が金融市場から原油や穀物などの商品先物市場に向かい、それらの相場を急騰させせました。

商品市場の規模は、株式市場、債券市場に比べてはるかに小さく、米国の株式市場の時価総額一五一〇・四兆円に対して、小麦市場（シカゴ商品取引所）の市場規模は一四・八兆円、トウモロコシ市場（同）は一三兆円、大豆市場（同）は八・八兆円であり、いずれも株式市場の一％に満たないものです。商品市場で最大の原油市場でも、市場規模は二一二・四兆円であり、株式市場の七分の一程度の規模です。このため、商品市場、とくに規模の小さい穀物市場は、まとまった金額の買いによって、相場は急騰してしまいます。

かくして巨額の資金量を有する投機筋が市場の約三分の二を買い込むまでになり、異常な価格つり上げが起きたのです。原油や穀物の現物市場は先物価格を指標とするので、これにつれ、実需取引とはかけ離れた異常な高値となり実体経済へ影響を与えました。

京の単位で動く巨大マネーは、国家を超えて、嵐のように個々の人々の暮らしを直撃しました。投機への批判が高まり、米国議会で投機の規制や抑制論が出されています。しかし、深まる金融危機により、投機資金が今後どのような動きをするか不安視されています。

◆輸出規制

〇八年、穀物輸出国が、次々と輸出規制をとる事態となり、それが供給不安と逼迫感からさらに価格を上げる原因になりました。

国際市場の価格が高騰するのを見て、生産国の穀物業者は一斉に穀物を輸出に振り向け、その結果、今度は国内が逼迫し、価格高騰、売り惜しみ、買い占めと社会的混乱が起きました。タイでは田んぼの稲穂が刈り取られて盗まれるという事態まで生じました。こうした社会的混乱を収拾させるために政府は輸出規制に踏み切ったのです。

輸出規制（輸出禁止、輸出枠の設定、輸出税の課税など）をとった国々は、中国、ヴェトナム、カンボジア、ロシア、キルギス、インド、インドネシア、アルゼンチン、ブラジル、ボリビアと、米、小麦、トウモロコシ、大豆などの輸出国が並びます。今回の穀物高騰を機に、わが国では商社ベースで海外産地と買いつけ契約を結ぶ動きが活発化していますが、国家レベルでの規制が行われれば、その努力も無に帰すのです。

なお、現在日本が米以外の穀物の大半を依存する米国には、米国輸出管理法[*1]という「農作物の輸出の規制・禁止」を定める法律があることを忘れてはならないでしょう。実際一九七〇年代はじめ、凶作を理由に大豆の輸出禁止を行ったため、米国産輸入大豆に依存する日本では、豆腐の値段が三倍にもなりました。また当時、ソ連の最大の小麦輸入先は米国でしたが、ソ連のアフガニスタン侵攻の際、米国はソ連への食糧輸出全面禁止を発動しています。

いずれにしろ、輸出国がいつ何時、輸出禁止するかわからないというリスクを認識しておく必要があります。

誰が儲け、誰が負けるのか——食糧高騰とグローバル食料システム

今回の食糧高騰で、現在のグローバル食料システムで誰が儲け、誰が負けるのかが明らかになりつつあります。この危機は量の不足ではなく、価格の異常高騰にあります。

バイオエタノールブームなど先に述べたいくつかの要因はきっかけにすぎません。価格高騰の主犯は、国際金融・資本市場からの巨額の投機・投資ファンドマネーです。先物市場は、将来の一定日時に一定の価格で売買することを現時点で約束する取引で、投資した時期とその結果が出る時期の間に商品価格が上昇し、その変動幅が大きいほど投資者は大

きな儲けを手にすることになります。小麦や米など穀物の商品先物市場への投機マネーは二〇〇〇年に一〇億ドルだったのですが、〇七年には一七五〇億ドルと一七五倍に膨張しています。

これで穀物輸出業者は大儲けしました。米国最大の穀物巨大企業ADM社について、「ビジネスウィーク」誌は「商品の価格の変動により利益を得、利益を最大化させるための大量の穀物取引操作を行っている」とし、穀物の貯蔵、輸送、取引上の操作により、ADM社は一年間で四六〇億ドルから三六六〇億ドルへと利益を八倍化させたと言及しています。

自由貿易を標榜するグローバリズムのもと、穀物や肥料、飼料、種子といった農業関連事業は企業統合による寡占化が進み、一握りの巨大企業が基本的な生産・流通システムを支配するようになりました。米国政府の巨額補助金はこうした巨大企業のカーギル社やADM社などの穀物メジャー、モンサント社などアグロバイオ企業の懐を潤し、巨大企業は農家への支払いと高価格での販売による差益で膨大な利益を獲得しています。

GRAIN[*2]の〇八年四月のレポートは、企業統合支配の問題を以下のように指摘しています。

工業的食料システムには不可欠な化学肥料の世界市場は、ごく少数の独占的な企業集団が支配しており、今回のタイトな食糧供給の環境を背景に、彼らは思いのままに振舞っている。世界のカリとリンの多くを支配するカーギル社傘下のモザイク社の利益は昨年二倍以上に、世界最大のカリ製造企業であるカナダのカリ社は一〇億ドル以上を儲け、利益は〇六年から七〇％増である。食糧による混乱に見舞われた各国政府が収量を増やすために必死であと押しする状況は、これらの会社にさらなる力を与える。〇八年四月、モザイク社とカリ社は手を結び、東南アジアのバイヤーに対し、昨年に比べ四〇％、ラテンアメリカには八五％、インドには一三〇％、中国には二二七％以上も価格を引き上げた。化学肥料で大金を稼ぎ出すとはいえ、それはカーギル社にとっては傍系であり、最大の利益は農産物の世界貿易からもたらされる。〇八年四月一四日、カーギル社は、第一・四半期の利益が〇七年同期に比べ八六％増大したと発表した。

穀物高騰で大打撃を受けた日本

日本の穀物自給率は二七％しかなく、一七五の国・地域中で一二五番目（二〇〇三年）というどん尻にいます。米はいまのところ一〇〇％近く自給を保っていますが、大豆四％、トウモロコシ〇％、小麦一一％、菜種〇・〇四％という具合で、米以外の穀物はほとんどが輸入に依存しています。

海上運賃は原油高や中国などの船舶需要増加の影響により上昇し、近年二〇ドル／トン前後で推移していたのが、いまや一四〇ドル／トンを超え、七倍の水準に上がっています。輸入食糧は、穀物と運賃の高騰というダブルパンチに見舞われています。

これら輸入穀物に原料を依存する加工食品業界が軒並み値上げに踏み切りました。即席麺、菓子、パン、マヨネーズ、畜産物……と身近な食品の値上げ報道が続きます。また長年価格がほぼ据え置かれてきた卵もついに〇八年八月から値上げに踏み切らざるを得なくなりましたが、これは飼料の高騰のせいです。

日本の飼料自給率は二五％にすぎません。配合飼料[*3]の原料はほとんどが輸入です。配合飼料の主な原料であるトウモロコシは米国からの輸入で、これが米国の自動車燃料用エタノール向けの需要増加により、高値で推移しています。この飼料のかつてない値上がりのために、畜産・酪農・養鶏農家は存亡の危機に立たされています。畜種によっては生産費の六〇〜七〇％を占める飼料費ですが、配合飼料価格は、二年前と比べて五割も上昇しています。酪農の場合、要求される高い乳脂肪分のために配合飼料割合が高く、生産費が生乳価格を上回る危機的事態となっています。いずれも生き物が相手ですから、高くなったからといって飼料をとめることはできません。経営が行き詰まり廃業・離農が急増しています。

これからは国産飼料（食品残渣の飼料化、稲わらや青刈りトウモロコシ、稲発酵粗飼料、飼料用米など）の利用や、山地・耕作放棄地などでの放牧を推進し、自給の道を目指すことです。そして緊急対策として、瀬戸際にある畜産農家を守る政策が必要です。このまま離農が増大すれば、肉、牛乳、卵の自給率は急落してしまうでしょう。

肥料の値上がりも顕著です。化学肥料（リン、窒素、カリ）は、ここ数年で二〜五倍も価格が上昇しています。リン鉱石の枯渇が迫り来る中、主要な輸出国の米国・中国が肥料の輸出を実質禁止する措置をとったことや、先述の独占支配の背景もあります。

全国農業協同組合連合会（全農）は、化学肥料の卸売価格を平均六割値上げせざるを得なくなりました。化学肥料による慣行農業は、今後一層コスト的に厳しくなっていくでしょう。

日本の近代農業と近代畜産は、輸入の安い肥料や飼料をもとに成り立っているのですが、こうした外部依存のつけが回って、現在の危機に立ち至ったのです。

食糧のグローバリズムは、少数の巨大企業に暴利をもたらすものでしかありません。輸入食糧に依存させるWTOのルールが、いったい誰のためのものなのか、いまやはっきりと見えてきたといえましょう。

穀物価格の今後

二〇〇九年三月現在、異常高騰した原油や穀物価格はピーク時から比べて大幅下落し市況は一服しています。価格下落は投機・投資マネーが商品先物市場から資金逃避したためです。[*4] 異常な価格高騰は投機・投資マネーが原因だったと実感させられます。しかし、今後の投機・投資マネーの動きは未知ですし、その他の要因も依然解決は困難です。〇九年に入って報じられている、中国の小麦産地の大干ばつや、世界第三位の大豆輸出国アルゼンチンの大干ばつが、今後国際相場へ影響を与えるのではと注視されています。国際相場が不安定になれば、再び投機・投資マネーが還流してくる可能性もあります。価格高騰の再燃は今後も起こり得、私たちはそのリスクと背中合わせにいるといえます。また、下がったとはいえ、国際価格は依然高止まりであり、農林水産省の資料によれば、〇九年以降は、いずれの穀物も〇六年以前に比べて高い水準で、しかも右肩上がりの上昇基調で推移すると見ています。輸入の穀物、飼料、肥料、燃料に依存する限り、不安定な経営を強いられるのは避けられないのです。

第二章

鳥インフルエンザは「近代化」がもたらした

近代化畜産と経済グローバリズム

ブロイラー＝工業的近代畜産の悲劇

経済的豊かさを手に入れた国々では畜産物を大量消費するようになり、それが畜産現場に工業的大量生産システムの導入を強いてきたともいえます。

米国は突出した肉食大国で、一人年間一二三キログラム（二〇〇三年）消費しています。日本の場合四三キログラムで米国の約三分の一ですが、それでも約五〇年の間に五倍の増加です。中国は急激な経済成長とともに肉消費は増え、九七年には日本を追い越しました。現在五〇キログラムを超え、なお増え続けています。人口大国の肉消費増大は、飼料作物の大量消費と輸入となり、世界の穀物需給に大きな影響を及ぼすようになりました。なお、伝統的食生活が守られてきたインドは長らく五キログラムでしたが、近年の経済成長とともに洋風化が進み、肉や油の消費が増加する傾向にあります。また日本の場合、消費増加に伴い、飼料の輸入だけではなく、肉、畜産加工品、乳製品そのものの輸入が増えています。

ＧＡＴＴ（関税および貿易に関する一般協定）やその後のＷＴＯ（世界貿易機関）といった自由貿易推進の国際的枠組みのもと、価格優位の国は国際市場で勝ち残る輸出産業とするために、輸入国は輸入品との競争に国内産品が生き残っていくために、世界中が米国の合理的コスト主義が生み出した工業的近代畜産を見習い、取り入れてきました。

それは、まず頭数を増やす規模の拡大で一頭当たりのコストを削減し、飼料コストを下げるために肥育をスピードアップし、採卵量・乳量増加のために濃厚飼料・成長ホルモン剤を与え、密飼いによる病気の防止や成長のために抗生物質はじめさまざまな薬剤を投与する、さらに人手を省くために大規模な機械化をするといった工業的システムです。『いのちの食べかた』[*5]というヨーロッパで製作されたドキュメンタリー映画を見ましたが、魚から鶏、牛、豚にいたるまで、飼育や加工処理現場の徹底した機械化・工場化の有様に驚かされました。工場のベルトコンベアにのって送られる生き物たちは、まるでモノのようでした。

国別年間一人当たり肉類消費量の推移

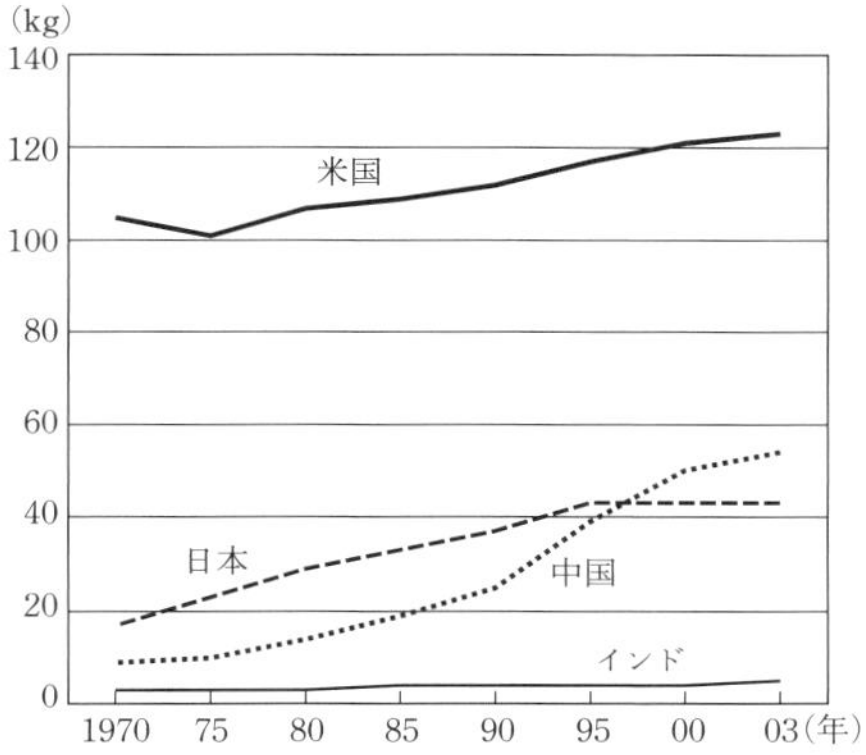

FAOの"FAOSTAT"より

工業的飼育の最たるものがブロイラーです。五〇年前には、成長率は一日につき体重二五グラムだったのが、飼育に工業的な手法が適用された現在のブロイラーたちは、優に一〇〇グラムは増加させられています。鶏の本来の寿命は六〜七年ですが、食肉用には孵化後約四〇日程度で屠殺されるのが一般的です。促成飼育により肉質は柔らかいといいますが、味は水っぽいです。日本では、飼育期間八〇日以上、一平方メートル当たり二〇羽以下（二八日齢以降は一〇羽以下）という基準で飼育される「地鶏」（名古屋コーチン、阿波尾鶏など日本在来種による）表示のものが売り上げを伸ばしているのも頷けます。

一〇万頭規模の米国の牛肉産業

米国は穀物余剰に悩んでいた時代に、穀物を家畜の餌にする肥育システムを作り上げました。米国の牛肉産業は、かつてはカウボーイが馬で草原の牛たちを追っていくという牧歌的なものでしたが、現代では牛肉ビジネスを支えているのがフィードロットです。中村三郎氏の『肉食が地球を滅ぼす』（二〇〇三年、双葉社）から抜粋します。

フィードロット（feed lot）とは、牛を放牧にせず、フェンスで仕切ったペン（牛囲い）に入れて効率的に肉牛を生産する集団肥育場のことをいう。アメリカの肉牛生産は、大手食品メーカーによる五万頭から一〇万頭単位の大規模なフィードロットの経営のもとに、徹底した大量生産が行なわれている。

繁殖の専門業者が、種牛を、子牛の生産を行なっている農家に貸し出す。農家は種付けをして子牛を出産させる。生まれてしばらくは、子牛は母牛と一緒に過ごすが、六カ月から八カ月で離乳し、体重が二〇〇キロを超した頃、子牛を育成業者に引き渡す。育成業者は子牛を牧場で約一年間、牧草を食べさせながら、体重が三五〇キロ程度になるまで飼育する。そして、目標体重に達した牛は、フィードロットに送る。フィードロットでは、牛を出身牧場ごとに分けてペンの中に入れ、四カ月から五カ月の短期間のあいだに穀物を主体とした配合飼料を与えて肥育する。こうして体重が五〇〇キロ前後の成牛になると、食肉加工工場に出荷するのである。

フィードロットの牛は狭いペンの中に押し込められ、より早く、より太らせるために、青草の代わりにトウモロコシや大豆などの濃厚飼料をひたすら食べさせられる。加えて、病気の発生を未然に防ぐために抗生物質を投与される。同時に、肥育効率と肉質を高めるためにホルモン剤も与えられる。体重や体長をコンピューターで管理され、給餌や糞尿処理などすべて機械化されたシステムの中で、監禁状態のような生活を強いられるのである。

……フィードロットの牛たちは、命ある生き物として認められていないのだ。人間の利益を生み出すビジネスの対象としてしか存在しない。フィードロットは巨大な肉牛生産工場であり、車やテレビを大量生産する機械工場と同じなのである。

究極のリサイクルシステム(レンダリング=廃肉処理)が生んだ狂牛病

レンダリング(廃肉処理)を開発したのも米国です。米国では、なによりもチキンが大量に消費されますが、そのリサイクルシステムは次のとおりです。

肉以外の、食用にならない頭や足、がら、羽毛などをレンダリング工場で煮溶かし、油と肉骨粉にし、それをまた家畜の餌として与えるのです。今日、膨大な肉食は、それに伴って発生するこれまた膨大な量の不可食部や病死家畜などの処理としてレンダリング工場が不可欠であり、もっとも重要な役割を担っているとさえ、いえるかも知れません。

羊毛産業の盛んな英国ではたくさんの羊を飼っていますが、病死したものを含め、廃棄部分は他の家畜のものと一緒にレンダリングに入れ、その肉骨粉は牛の餌に混ぜられ使用されていました。

羊にはスクレイピーという羊特有の海綿状脳症があり、その原因物質は異常プリオンタンパクとされています。石油ショックによる原油値上がりのとき、レンダリングの加熱温度を下げたため、異常プリオンが不活化されずに肉骨粉となり、それを食べさせられた牛が狂牛病（牛海綿状脳症＝ＢＳＥ）を発症したのではないかと推測されています。タンパク質は感染しないというこれまでの科学的常識から、狂牛病の牛を食べても人にはうつらないと英国政府は発表したのですが、牛を食べた人が牛と同じ型の脳症によって一二〇人以上が相次いで死亡し、世界中を震撼させたのです。

英国は、汚染された肉骨粉を使用禁止にしたあとまで輸出を続けたのです。汚染を世界中に広げた犯罪的行為です。英国では一八万頭を超える大量発生に見舞われ、狂牛病が見つかった農場はすべての牛が殺処分されて、何人もの自殺者を農家から出しました。もっとも合理的低コストの生産システムがもたらした代償は、あまりにも高くついたといわざるを得ません。狂牛病は、なにより草食の牛に肉食や共食いを強いた、反自然の近代畜産がもたらした人災だと思います。

なお肉骨粉の飼料禁止により、世界的に発生頻度は下がりましたが、それでもいまだ散発的に発生し、日本では二〇〇九年一月に入ってからも三六例目が見つかっています。

乳量の追求がもたらしたもの

コストダウンの一環として乳量の増加が追求されました。日本では一九七五年当時、一頭当たり年四五〇〇キログラムであった平均乳量が、濃厚飼料の多給や牛の改良で、いまでは倍以上になっています。

また日本では、乳業メーカーが定めた乳脂肪分三・五%以上という水準が酪農家に要求され、それより低いと加工用として一段と低い価格でしか買ってもらえません。脂肪分は冬には増え、暑い夏に減るのは、牛に限らずどの動物でも自然の生理なのです。しかし常に高い脂肪率を達成するために、本来の餌、粗飼料（草）だけでなく、もともと牛が食べるものではなかった穀物（濃厚飼料）を給餌するようになりました。硬い草を食べるための反芻胃を持つ牛ですが、そこに生息し分解作用を担っていた多量の微生物は死滅し、その結果反芻胃は肥溜めのようになってしまうのです。

米国では、成長を早めたり乳量を増やすために、牛にホルモン剤を投与することが行われています（EUでは禁止）。乳量の過大な増加は牛の体に負荷を与え、また乳房炎を引き起こします。それで抗生物質の投与が必要になります。

モンサント社の牛成長ホルモンrBST

モンサント社[*6]は遺伝子組み換え技術を使った牛成長ホルモンｒＢＳＴ（recombinant Bovine Somatotoropin、商品名「ポジラック」）を開発し、米国では一九九四年より牛の乳量増加のために使用されてきました。「ポジラック」を乳牛に注射すると、毎日出す乳の量が一五〜二五％増えるうえに、乳を出す期間も平均三〇日ほど長くなるといいます。

ＥＵによって設置された科学委員会は、ｒＢＳＴに発ガン性があると警告し、ＥＵはそれを投与した乳製品・肉の輸入を禁止しました。ｒＢＳＴを投与された牛の乳には、インシュリン様成長因子（ＩＧＦ－１）という成長ホルモンが高濃度含まれており、それを人が過剰に摂取するとガンが発生する可能性があるというのです。

またモンサント社の申請を受けたカナダ政府は、同社のデータに人の健康への影響があるものが含まれていると判断し、却下しています。さらにカナダ政府保健省は、ｒＢＳＴによって牛の不妊症、四肢の運動障害が増加すると報告しました。ｒＢＳＴを投与された牛は乳房炎にかかる率が最大二五％も増加し、そのため膿汁が牛乳に混じる確率が高くなります。また乳房の炎症を抑えるために抗生物質が常時投与され、それが牛乳に残存する可能性も増加します。

日本は国内におけるrBSTの使用を認可していませんが、それ以上の規制がありません。また二種類のホルモン剤（ゼラノールとトレボロンアセテート）にだけ残留基準値が設定されていて、それ以外は原則として流通が自由なのです。規制値のないホルモン剤とrBSTが投与された乳製品や牛肉が、米国からフリーパスで日本に輸入されているのです。

しかし近年、米国でも、人工ホルモン剤残留の牛乳や肉による、アレルギーやホルモンへの影響（とくに女性と子どもに乳ガンが発生する危険性）が問題視され、売り上げが落ちたこともあって、ついに二〇〇八年八月、モンサント社は牛成長ホルモン事業からの事実上の撤退を発表しました。

畜産の抗生物質と院内感染

抗生物質の餌への投与は、一九五一年以降世界中に広まりました。抗生物質を工場で作るときに出る残渣を飼料に混ぜると、雛の成長が増進されるという複数の論文が四〇年代に発表されました。有害細菌の繁殖を抑えて、成長を促進すると考えられたのです。

抗生物質とは、細菌や真菌（かび）などの微生物が他の生物との生存競争で生き抜くために出す物質で、英国のA・フレミングのペニシリンの発見（二八年、実用化は四一年）にはじまります。第二次世界大戦時、傷病兵の傷治療という軍事面から開発され、商品化されました。

以降次々と新薬が開発されましたが、微生物はすぐに耐性を獲得してしまうので、新薬開発と耐性菌出現のいたちごっこが続き、いまや抗生物質は土俵際に追い詰められ、耐性菌のほうに軍配が上がろうとしている事態なのです。

黄色ブドウ球菌や腸球菌、緑膿菌といった常在菌が抗生物質に耐性を獲得して、抵抗力の低下した入院患者に院内感染症を引き起こしています。バンコマイシンは院内感染症の一つであるメチシリン耐性黄色ブドウ球菌（MRSA）の唯一の特効薬（人体専用薬）です。しかし二〇〇二年、米国でバンコマイシンが効かないMRSAの保菌者が発見されました。バンコマイシンが無力になったことは細菌に人間がほぼ屈服したことになるのです（なお〇三年五月、新薬キヌプリスチン・ダルホプリスチンが登場しましたが、これにも耐性菌が出現）。

バンコマイシン耐性腸球菌（VRE）は一九八〇年代後半にヨーロッパで出現。米国では八九年から九三年の五年間でＶＲＥによる院内感染が二〇倍に増加しました。日本でも九六年以降感染者が出ていて、北九州の病院で二〇〇二年までの四年間で二〇人もの死者を出しました。ＶＲＥに感染すると薬がないので、死亡率は四〇～五〇％になるのです。

なぜ、黄色ブドウ球菌や腸球菌がバンコマイシン耐性を獲得してしまったのでしょう。アボパルシンは家畜専用の飼料添加物ですが、これとバンコマイシンは化学構造が類似しています。これを飼料添加物として使用し続けることで、鶏の腸球菌が耐性を得るようになります。鶏肉を介しその耐性因子が人のメチシリン耐性黄色ブドウ球菌（院内感染症）にうつれば、もはやバンコマイシンの特効薬としての有効性はなくなります。バンコマイシン耐性菌を作り出したのが、養鶏場などでのアボパルシンの多用だったのです。

一九六九年に放線菌から発見され、米国製薬メーカーが商品化した鶏用飼料添加物アボパルシンはヨーロッパで多用され、デンマークでは病院使用のバンコマイシンの千倍以上の量を飼料に添加したといいます。八六年に、フランスでＶＲＥが人から検出され、わずかな期間でヨーロッパ諸国へ拡大しました。九六年になってＥＵはアボパルシンを禁止、日本も指定を取り消しました。ＥＵは二〇〇六年一月までに抗生物質の成長促進用飼料添加を禁止し（コクシジウム剤を除く）、日本は人の治療用と交叉性のある抗生物質については見直しを決めました。

抗生物質を使用しない畜産を

一九九六年、堺市などの学校給食で発生、患者数六〇〇〇人を超え、二人が死亡したＯ一五七ですが、抗生物質が効かない耐性Ｏ一五七菌が出現しています。Ｏ一五七の治療薬のカナマイシンに耐性を持ったわけですが、ストレプトマイシン、ペニシリンなど一二種の抗生物質に耐性を持つ菌まで出現しているのです。

なぜ耐性菌が出現するかというと、抗生物質の使用で細菌全部が死滅するわけではなく、耐性因子を持ったものが生き残り、それがその耐性因子を受け渡しながら増殖するからです。抗生物質の広範な使用は耐性菌を生み出してしまい、治療が困難な病気がどんどん増えていくのではと、医師や科学者たちは危惧しています。病院での安易な抗生物質の使用のみならず、食肉からの移行が懸念されているのです。

ＷＨＯ（世界保健機関）によると、抗生物質を含む飼料の使用を禁止したデンマークでは、耐性菌に感染した家畜の割合が八〇％から五％に減少しました。抗生物質の使用を禁止しても、デンマークの農家における飼育コストは、一％（豚一頭当たり約一ドル）増加したにすぎないといいます。

医療での使用よりはるかに多量の抗生物質が畜産で慣行的に使用されてきました。成長促進の効果については疑問符も出ています。こうした面からも抗生物質の使用を必要としない畜産や養殖の生産方式が求められているのです。

鳥インフルエンザの元凶は大規模飼育

渡りをする野鴨などの水鳥はいく種類もの鳥インフルエンザウイルスを自然保有しています。しかしウイルスに対する免疫力を備えているため、健康であれば発症することはありません。ウイルスは環境適応しながら変異をとげていくものですが、新たなウイルスによって発病するものがあっても、耐病性のあるものが生き残り、自然免疫を獲得して子孫に引き継いでいきます。ウイルスの海のような自然界で生物が生き延びてきたのは、病原体と接触することで免疫力を高めてきたからなのです。

鳥インフルエンザウイルスはもともと病原性は低いのです。しかしこのウイルスは、鶏など家禽の群れの中で短期間循環したあと、強い病原性ウイルスに変異することが知られています。野生種に比べ家禽は、不自然な飼育環境に置かれていることから免疫力が低下しています。また抗生物質など薬剤が体内で病原菌の変異を促し、毒性を強め、ひとたび発症すれば、密飼いのためもありまたたく間に伝播してしまうのです。

ＷＨＯによれば、米国での一九八三～八四年の流行時、当初低い死亡率であったのが六カ月の間に死亡率九〇％近い強い病原性となり、一七〇〇万羽以上の鶏が殺処分されました。イタリアでの一九九九～二〇〇一年の流行では、九カ月以内に強い病原性に変異し、一三〇〇万羽以上の鶏が死亡ないしは処分されたといいます。ＷＨＯは、高病原性の鳥インフルエンザの発生は多羽飼育によると、警鐘を鳴らしています。

米国からはじまった近代養鶏は、グローバル競争のもとで世界中に広がりました。これは大規模生産が特徴で、養鶏農場の飼育羽数は数十万から百万単位です。日本で感染大量死のあった浅田農産の農場の場合二五万羽の規模でした。輸出産業として鶏肉の大量生産が行われているタイや中国などの場合、よりスケールの大きいケージ飼いがされています。タイでは大規模発生した二〇〇四年、殺処分された鶏は一億羽に達しています。

太陽光さえない環境で、狭いケージで密飼いされ、自然では口にしないような餌（薬剤、飼料添加物、遺伝子組み換えトウモロコシなど）を与えられていては、鶏たちの生命力は衰え、免疫力が低下するのは当然です。

鳥インフルエンザは一九九七年に香港で猛威を振るったあと、二〇〇四年には日本でも発生し、オーストラリア、イタリア、オランダ、米国、ヴェトナム、タイ、パキスタン、中国、韓国など世界全体に広がり、人への感染による死者も出るようになりました。このように鳥インフルエンザが広範な地域に同時多発した例は過去にはありません。いまは散発的で沈静化していますが、ウイルスがある限り、再発する危機はずっと存在しています。

養鶏業はいまではどの国においても大規模飼育が普通です。鳥インフルエンザの同時多発はこの大規模飼育が背景にあります。

強い病原性に変異した鳥インフルエンザウイルスが、人や豚（豚は鳥・人両方のインフルエンザに感染します）の体内で人のインフルエンザウイルスと遭遇した場合、その致死性の強毒を人インフルエンザウイルスが取り込んで変異し、人から人へ感染を広げていく「新型インフルエンザ」になることが懸念されています。新型インフルエンザウイルスが出現し、もし大流行すれば、最悪の場合死者は五億人に達し社会崩壊の危機となると、WHOは警告しています。新型インフルエンザは人災なのです。

豚から新型インフルエンザが発生

二〇〇九年四月初旬、メキシコで豚由来のインフルエンザウイルスが分離され、人から人に感染する新型インフルエンザと認定されました。豚インフルエンザは、本来、人には感染しにくいのですが、今回は人に感染しやすくなり、人―人感染を起こしたのです。いまのところ、発生元のメキシコその他数ヵ国以外では重篤には至らないようです。しかし、都市の人口集中や活発な国際的往来から、短期間に地球全体に蔓延するパンデミック（感染爆発）が警戒されています。

メキシコの各新聞は、今回のインフルエンザの発生源を、世界最大の養豚会社である米国スミスフィールドフード社が経営する高密度の養豚場だと伝えています。最初に発生した地域と見られているラグロリア村に同社子会社の養豚場があります。ここでは五万六〇〇〇頭の雌豚から、年間九五万頭の豚が生産されています（〇八年度）。この養豚場は、管理が不衛生だとして以前から悪評が高く、住民やジャーナリストたちは、ウイルスがこの養豚場の豚において進化し、その後、ウイルスを含む廃棄物（糞や死体など）によって汚染された水やハエなどを介して人間に感染したと主張しています。三月の初め頃から「風邪から短期間に重度の呼吸器疾患となる伝染性の病気」が蔓延していたことがレポートされていました。密飼いだとストレスで豚は病気になりやすく、そのため抗生物質など薬剤が日常的に投与されることになります。その結果、抗生物質耐性菌の出現やウイルスの変異が引き起こされるのです。

鳥インフルエンザを防ぐには

鳥インフルエンザの防衛策として、野鳥からの感染を防ぐため、外部と完全に遮断されたウィンドレス鶏舎が奨励されています。しかし、ウイルスは空気中に常在し、また、鶏の体内にも存在しています。それらのウイルスのどれかが、ある日、免疫力の落ちた家禽の体内で、毒性のあるものに変異することが起こり得ます。ウイルスからの完全遮断など不可能なことですし、太陽や風に一生触れることのない世界で飼育することは、鶏をさらに脆弱にするだけではないでしょうか。

感染しても発病しない、免疫力を備えた、健康な鶏を育てることが唯一の根本的解決方法です。答えは有機畜産、自然養鶏です。

EUでは、自分たちの食べ物がどんな環境で生産されているか、消費者の関心が強まり、家畜を自然に近い環境で飼育するための新しい規則（二〇一二年完全実施）がはじまっています。鶏をケージで飼う採卵養鶏業者は、一羽当たり七五〇平方センチメートルのスペースを確保して、卵を生むための囲った場所や止まり木も作らなくてはならなくなりました。このＥＵ規則に沿うと、一羽当たりの飼育面積が拡大するため生産効率は下がり、コスト上昇につながり、タイやブラジルなど生産コストの低い国との競争に敗れてしまうと、生産拠点をロシアやスペインなど比較的コストが低い国に移す業者も出ているそうです。

グローバリズムの競争にのればそうならざるを得ないでしょう。しかし近郊の、健康で幸福な家畜による畜産物は消費者の根源的なニーズであり、グローバル貿易による価格破壊的生産物とは対極の、もう一つの世界的潮流なのです。

厚生労働省食肉検査等情報還元調査（2006年度）

		牛	豚
屠殺頭数		1,204,638	16,217,636
措置頭数＊		725,633	10,100,030
	屠殺禁止	86	192
	全部廃棄	7,818	20,592
	一部廃棄	717,729	10,079,246

備考：＊措置頭数とは、屠畜場法に定められた疾病や奇形等が認められたことから、屠殺禁止、全部廃棄、一部廃棄の処理がなされたもの

家畜の六割が病気！

日本の場合、屠畜場で検査されて、抗菌性物質の残留や屠畜場法に定められた疾病（尿毒症、敗血症、膿毒症、白血病、黄疸、腫瘍など）や奇形が認められることが頻発しています。その場合、屠殺禁止、全部廃棄、また内

臓など一部廃棄となるのですが、その頭数は牛・豚ともに屠殺頭数の六割にも達します(二〇〇六年度)。出荷される家畜の多くが病体であるという現実はほとんど知られていません。疾患のある内臓は廃棄されるとはいえ、その家畜の肉が健康な肉といえるでしょうか。

私たちの身体は食べたものでできており、何を食べるかで健康は大きく左右されます。この意味からも、病体の家畜を大量に生み出す生産方式を問い直す必要があるのです。安い畜産物を大量に消費する私たちの食べ方がこのような近代畜産を必要としてきたといえます。健康な家畜による質の良いものを選び、量は少しという食べ方に変える――多少価格は高くても、食べる量が減れば出るお金は変わらないでしょう。「健康的な質の良いものを少し」という食べ方は、生活習慣病にならない健康を守る食べ方でもあるのです。消費者の意識の変革とその選択が生産現場を変えていきます。

第三章

種子で世界の食を支配する

遺伝子組み換え技術と巨大アグロバイオ企業

初の草の根国際会議

一九九六年一一月、安全性の確認が不十分なまま、拙速に遺伝子組み換え大豆の輸入がはじまりました。流通を認めるなら、少なくとも表示はされるべきです。食べたくない人が知らずに食べてしまうことのないよう、政府には消費者の選択権を守る責務があります。しかし政府は「安全審査をした安全なものに表示は不要」の一点張り。安全審査を通った食品添加物の使用には表示義務を課しており、それは消費者の選択権のためと説明しているのにです。おそらく米国政府から、表示はGM（遺伝子組み換え）推進の妨げになるという方針が伝えられていたように思います（米国では、国民が求めているのに、いまだにGM表示はされていません）。米国や日本政府という巨大な壁を前に行き詰まりと絶望感すら覚えていた九八年の春、米国の市民団体から、遺伝子組み換え食品の反対に取り組む草の根グループの初の国際集会に参加しないかと呼びかけがきました。

日本からは、生協や生産者グループ、消費者団体のメンバー二〇人が参加しましたが、私もそのうちの一人でした。集会は九八年七月の三日間、米国ミズーリ州セントルイス市にあるフォントボン大学の夏休みのキャンパスを会場に開催されました。セントルイスは、ミシシッピ川とミズーリ川、イリノイ川の合流点にある全米で二番目に大きい内陸の積み出し港です。川沿いには二〇階建てビルぐらいの高さの巨大エレベーター（倉庫）が建ち並んでいました。エレベーターまで鉄道が引き込まれ、中西部の穀倉地帯から鉄道やトラックで輸送された穀物が貯蔵され、船積みされます。ここが開催地に選ばれたのは、GM作物の輸出港であり、またモンサント社の本社があるからでしょう。

集会は、米国の家族農家や有機農家の団体、食品安全や環境問題に取り組む市民団体が主催し、海外からは英国、カナダ、アイルランド、メキシコ、インド、日本などからの参加があって、総勢二〇〇人近くが集まりました。会議では世界的に著名なインドの科学者・環境活動家のヴァンダナ・シヴァが基調講演を行いました。「生物特許は生物に対する海賊行為。生物との共生ではなく、利己的利用を行っている」と述べ、世界銀行、IMF（国際通貨基金）、WTO（世界貿易機関）の三つの機関を批判し、「これらの機関は農村人口が減ることを進歩と思わせている。小農家では世界は養えないというが、食料生産の六〇から七〇％は小農家の生産によるのだ」と述べ、その迫力あるスピーチは大きな拍手に包まれました。現在直面する食糧危機をみれば、シヴァの指摘のとおり、その真の原因は、途上国の農村における自給食料生産を崩壊せしめた、先進国主導のシステムにあると思い至ります。

科学者によるパネルトークでは、GM作物のもたらす環境影響の最新の調査や研究事例が報告されました。私がこの集会に参加したいと思った動機の一つは、集会プログラムに、自殺種子技術、すなわち「ターミネーター・テクノロジー」のワークショップがあったからです。カナダのRAFI（Rural Advancement Foundation International、現ETC）の研究者ホープ・シャンドがこの悪魔的ともいえるテクノロジーのしくみを解説しました。その静かな語り口の中に彼女の憤りを嗅ぎ取りながら、私はアグロバイオ企業の真の狙いがこれで明らかになったと思ったのです。

集会の最終日、モンサント本社前でのラリー（アピール抗議行動）が会議参加者全員によって行われました。モンサント社の本社ビルへ通じる道は高い門に閉ざされ、その門の前にはモンサント社のロゴ「food, health, hope」の文字が躍る巨大な看板が立っていました。私たちはその下で、ハンドマイクを用いて次々とアピールをしました。そしてみんなで作った農民の大きな張子を掲げて繰り出し、思い思いに書いたプラカードを通行中の車に示すのです。ラリーの様子は地元紙に大きく掲載されました。紙面にはミズーリ州の長者番付も載っていて、一位がモンサント社CEO（当時）のロバート・シャピロで、続いてモンサント社の重役たちが並んでいました。

この国際集会に参加して、この問題に取り組む各国の人たちとつながることができ、新たな力をもらったのでした。

種の支配のためのターミネーター技術

ターミネーター技術とは、作物に実った二世代目の種には毒ができ、自殺してしまうようにする技術のことです。この技術を種に施して売れば、農家の自家採種は無意味になり、毎年種を買わざるを得なくなります。この自殺種子技術を、「おしまいにする」という意味の英語 terminate から、ＲＡＦＩがターミネーター技術と名づけました。

この技術は、米国農務省と綿花種子最大手デルタ＆パインランド社（Ｄ＆ＰＬ、のちにモンサント社が買収）が共同開発して、一九九八年三月に米国特許を取得し、続いてシンジェンタ社が同年九月に、デュポン社も翌年一月にそれぞれ米国特許を取得しています。開発の目的は、ＧＭ種子の特許侵害を防ぐためとしています。アグロバイオ企業は、ＧＭ種子の販売を中国やインド、南米など発展途上国に広げようとしていますが、途上国では、多数の小規模農家がいまも種採りをしています。農家にとって、収穫物から翌年の生産のために種を採るのは何千年もそうしてきた当たり前の行為であり、特許侵害を理解させるのも、取り締まるのも困難です。そこでターミネーター技術を開発したのです。

また業界はターミネーター技術をさらに進化させた、トレーター技術も開発しています。植物が備えている発芽や実り、耐病性などにかかわる遺伝子を人工的にブロックして、自社が販売する抗生物質や農薬などの薬剤をブロック解除剤として散布しない限り、それらの遺伝子は働かないようにしてあります。農薬化学薬品メーカーでもあるこれら企業の薬剤を買わなければ、作物のまともな生育は期待できないのです。RAFIが、この技術を指す専門用語trait GURTにかけてtraitor（裏切り者）技術と名づけました。自社薬剤と種子のセット売りは、除草剤耐性GM作物の「自社除草剤と種子のセット売り」戦略と同じです。ターミネーター技術やトレーター技術を開発するのをみれば、アグロバイオ企業の真の狙いは種子の支配なのだと思わされます。

ターミネーター技術とはどんな技術？

ターミネーター技術やトレーター技術は、専門的には「植物遺伝子の発現抑制技術（GURT＝Genetic Use Restriction Technology）」と呼ばれるものです。ターミネーター技術は植物品種（variety）レベルで制限をかけるものなのでv－GURTと呼ばれます。トレーター技術は特性（trait）を制限する技術なのでt－GURTと呼ばれます。

ターミネーター技術では、種子を死滅させる毒性タンパクを作る遺伝子を組み込み、その遺伝子が二回目の発芽のときに働くように、いくつもの遺伝子を組み込んでコントロールしています。いくつかの方法がありますが、GM綿のターミネーター技術の場合、サポン草からタンパク質の合成を阻害する毒を作る遺伝子を取り出し、これを種子が十分に熟したときに働くプロモーター（連結した遺伝子を起動するスイッチの働きをする）遺伝子に連結します。綿が生長し種子が十分に熟すと、プロモーター遺伝子が毒素遺伝子を起動して毒素が生成されます。これが次世代の種子を殺すのです。

しかしこのままでは種会社が農家に売る種子を量産することができません。採った種子はすべて死んでしまうのですから。そこでプロモーター遺伝子と毒素遺伝子の間にDNAの一片をブロックとして挿入して、毒素遺伝子が働かないようにしてあります。このブロックDNAは特定の酵素によって外れるのですが、この酵素を作らせるプロモーター遺伝子を働かないように抑止タンパク質で抑えてあるのです。種会社がこのまま種子を播けば、種子を量産することができます。しかし、農家に販売する種子は、抗生物質テトラサイクリンにつけて抑止タンパク質を外し、自殺装置が機能するようにしてあります。

ターミネーター技術をあきらめないアグロバイオ企業

当然のことながら、ターミネーター技術に対し、国際的な批判が沸き上がりました。種採りしている一四億の農民の生計と農業を破壊するものとして、世界の五〇〇以上もの組織が国際的禁止を求めました。またD&PL社の買収を進めていたモンサント社に対し、この技術の実用化をもくろんでいるとして批判が集中しました。モンサント社の前CEO(ロバート・シャピロ)はいったん買収を断念。そして一九九九年、ロックフェラー財団会長ゴードン・コンウェイの助言で、モンサント社はじめ開発企業は「ターミネーター技術の商業化はしない」と発表しました。二〇〇〇年、国連生物多様性条約会議も、ターミネーター種子の野外栽培試験や商業販売の事実上の一時停止を求めました。

しかし〇五年になって、モンサント社は、「食用作物では、ターミネーター技術を商業化しない」と言い換えたのです。そしてモンサント社は、〇六年にD&PL社の買収で合意、〇七年五月に司法省が買収を承認し、この技術は正式にモンサント社のものとなりました。D&PL社は綿花種子最大手であり、食用ではない綿花でターミネーター技術の商業化を進める狙いと思われます。

そして現在、業界は、ＧＭ技術やターミネーター技術を容認させるための新たなプロパガンダを展開するようになりました。それは「地球温暖化対応」です。地球温暖化は、高温、乾燥、塩害土壌、洪水などに強いＧＭ植物によって解決できるし、また石油代替のバイオ燃料にもエタノール転換効率を高めたＧＭ植物が貢献するだろうと（まだ一つも応用化できていないのに）、消費者に拒否されたＧＭ技術の巻き返しをはかっています。そして、このようなＧＭ作物の広範な作付で懸念される遺伝子汚染問題は、ターミネーター技術で解決できるというロジックを展開しています。

それにしてもアグロバイオ業界は、自分たちが生み出したＧＭ種に起因する遺伝子汚染を防ぐためといって、そのつけを社会に払わせるつもりなのです。

生命体に特許！

種（生命体）に特許と聞いて、違和感を覚えませんか。実際、特許権は、これまで生命体には認められてきませんでした。しかし、バイオテクノロジー（生命工学）が商業化される時代に入り、知的財産権の保護を産業界が強く求めるようになりました。一九七八年、ゼネラルエレクトリック社の技術者であったアナンダ・チャクラバーティが、原油を分解する遺伝子組み換え微生物を作り出し、生命体にはじめて特許取得を申請しました。米国の特許庁は自然物には与えられないと却下したのですが、最高裁まで争い、八〇年に遺伝子操作による微生物の特許を一票差で取得したのです。こうして生物特許への門戸が開かれました。

八八年には、特定の遺伝子を働かないようにしたノックアウトマウスという医療研究用のネズミに特許が認められ、組み換えの種子にも特許が認められるようになりました。現在先進諸国では、生き物、またその細胞や遺伝子にまで特許が認められるようになったのです。米国では遺伝子の特許を取得すれば、その遺伝子を持つ、あるいは組み込んだものはすべて、動物でも植物でも所有権を主張できるようになりました。しかし、生命体に特許を認めることについて十分な議論がされたわけではなく、社会的に受容されたわけでもありません。そもそも人間が他の生命を所有できるのかという根本的問いがあるのです。

環境に応じて各個体（の遺伝子）は適応、変異し、また次世代で進化、変化するフレキシブルな存在です。そういう生命体に、モノや方法の発明という特許の考え方が適用できるのでしょうか。またGM作物は「これまでのものと同じ」だから安全（「実質的同等性の評価」）といって認可し、一方で、「いままでにない新しいもの」だからと特許を付与するというのも矛盾しています。

農民シュマイザーとモンサント社の裁判

遺伝子組み換え作物に導入した特性は、次世代にも引き継がれます。そのためモンサント社の種子を購入する農家は、特許権を尊重するテクノロジー同意書に署名させられ、どんな場合でも収穫した種子を翌年に播くことは許されません。毎年種会社から種を買うことが求められます。この特許問題にまともにぶつかったのがカナダの農家パーシー・シュマイザーです。

一九九八年八月、モンサント社から突然、一通の手紙が送られてきました。それには、シュマイザーの農場のキャノーラ（西洋菜種）畑でモンサント社の特許作物（ラウンドアップレディキャノーラ）の存在が確認されたので、賠償金を払わなければ訴訟に持ち込むと書かれていたのです。モンサント社は勝手に畑に入って作物を持ち去り、このような脅しの手紙を農家に送りつけているのです。

シュマイザーはこれを拒否しました。身に覚えのないことでした。しかも組み換えキャノーラで畑を汚染され、育種家でもある彼が四〇年にわたって選抜し育ててきたキャノーラが台なしにされたのです。被害者は自分のほうであり、賠償金を請求されるのは筋が違うとモンサント社の提訴を受けて立ちました。

二〇〇三年七月、市民団体が日本に招いたシュマイザーの講演によると、北米で、農民に対してモンサント社が起こした訴訟は五五〇件にも上るといいます。モンサント社は、組み換え種子の特許権を最大限に活用する戦略を展開しています。遺伝子組み換え種子を一度買った農家には、自家採種や種子保存を禁じ、毎年確実に種子を買わせる契約を結ばせます。そうでない農家には、突然特許権侵害の脅しの手紙を送りつけるというものです。農家の悪意によらない、不可抗力の花粉汚染であるなら、裁判では勝てると常識的に思うのですが、法廷に持ち込まれることはほとんどないといいます。農民は破産を恐れ、巨大企業モンサント社との裁判を避けるため、示談金を払うしかないのだそうです。

モンサント社の損害賠償ビジネス

モンサント社に対抗して裁判をはじめた場合、まず弁護士費用が大きな負担になります。シュマイザーの場合、自分の弁護士費用だけで約二七〇〇万円を使っているといいます。

さらに米国内の場合、モンサント社の特許使用契約書にある条項によって、モンサント社は本社があるミズーリ州の法廷に持ち込めます。このため、何千マイルも離れた地域の農民に、巨額の法的手数料が追加されることになるのです。また、これまで法廷に持ち込まれた訴訟の結果も、農民を脅えさせるもので、モンサント社の思いどおりに従わせるような判決が下されています。モンサント社と対決するシュマイザーの決断は大変な勇気がいったと思います。

しかし、カナダの最高裁の判決は、シュマイザー側の敗訴でした。この判決の意味するところは、GM作物の花粉や種子が、風や鳥、あるいは蜂や動物に運ばれたとしても、トラックやコンバインからこぼれたとしても、遺伝子汚染の経路は問題ではなく、そこに生えていたその事実が特許侵害に当たるということです。

モンサント社は単に特許権を守るというより、損害賠償をビジネスとして展開しています。ワシントンにある食品安全センター（FSC）の二〇〇七年の調査によると、モンサント社は特許侵害の和解で一億七〇〇万〜一億八六〇〇万ドルを集め、最高額はノースカロライナ農民に対しての三〇五万ドル（約三億五〇〇〇万円）だったそうです。モンサント社は訴訟分野を強化するため、七五人のスタッフを擁する、年間予算一〇〇〇万ドルの新部門を設置したといいます（〇三年）。

またモンサント社は、モンサントポリスと呼ばれる組織を作り、農家の摘発を進めるとともに、密告も推奨しています。そのため近隣農家との信頼関係を崩壊させられたと、農民たちはモンサント社を非難しています。また、モンサント社と和解する際には、（他の農家が実情を知ることができないよう）他言しないことに同意させられるのです。特許種子とは、つまるところ農家を支配するための道具なのです。

アグロバイオ企業から農民を守る対ＧＭ農民保護法

特許侵害で農家が破産に追い込まれる例が続出したことから、二〇〇八年九月、米国カリフォルニア州で、アグロバイオ企業の「脅迫戦術」から農民を擁護する画期的な法律が発効しました。

以下のように、この法律では、企業による一方的な侵害立証を制限し、意図せざる交雑などは栽培農民の側に責任がないことを明記しています。

・特許権者は、あらかじめ特許権侵害や契約違反の疑いのある農民に対して、書面で立ち入りとサンプルの採取について許可を得なければならない。
・同時に、その書面を州当局に提出しなければならない。
・しかし、立ち入りを要請された農民は拒否ができる。
・それでも立ち入りとサンプリングを求める場合には、州裁判所の許可を得なければならない。
・サンプリングに関して、どちらかの側からか要請があれば、州当局あるいは第三者がこれを行い、その費用は特許権者が支払う。
・サンプリングの場所と時間は二四時間前までに通知される。
・結果は、分析終了後三〇日以内に双方に通知される。
・特許遺伝子が検出されたとしても、故意でなければ農民に責任はない。

シュマイザー裁判で世界に知られるようになったアグロバイオ企業の行き過ぎた権利乱用に反撃がはじまったのです。

ハイブリッド品種からはじまった種の独占

今日、先進諸国では、多くの栽培作物で一代雑種（ハイブリッド）の種子が使われるようになりました。ハイブリッド品種はメンデルの「優性の法則」を利用したものです。両親の強い優性な形質は子どもの代では顕在するのですが、この子ども同士を掛け合わせた雑種二代目になると弱い劣性な形質も現れて、ばらつきが出てしまいます。一代目とは同じものは採れません。一代限りでしかその優良な性質は出てこないので、農家は毎年種子を購入するようになります。掛け合わせる親の代を持つ種会社は、ハイブリッド種子の開発によって飛躍的に成長したのです。

世界ではじめてのハイブリッド品種は、一九二〇年代に米国のパイオニアハイブリッド社（現在デュポン社の子会社）によって育成されたトウモロコシです。トウモロコシの場合、茎の先端に花粉を持った雄花があり、下のほうの葉っぱの付け根に雌花があります。圃場に両親系統を混ぜて植え、母親植物の雄花を全部切り取って除いてしまうと、この母親の雌花には必ずもう一方の親系統の花粉が付きます。母系統から採った種子はすべて両親の雑種になるわけです。

トウモロコシの場合、このような単純な方法によって雑種一代目の種子が多量に採取できたために、また機械化農業が均一性のあるハイブリッド種子を必要としたこともあり、広く普及していきました。いまでは米国のトウモロコシは、ほとんどがハイブリッド品種です。モンサント社は、殺虫性を持たせたGMハイブリッドトウモロコシを開発し、いまではGM品種が七〇%以上を占めています。GMハイブリッドトウモロコシの場合、種採りされる心配はないわけです。

主要作物の小麦、米、大豆、それに綿は、自家受粉（花の中の雄しべと雌しべが受粉）してしまうため、ハイブリッドを作るのが困難です。これらの作物においては、農家は自家採種であったり、購入種子の場合でも数年も買わないで済ましています。

そこで農家に種を毎年購入させるためには、一つはGM品種を開発して特許をとり、種採りを犯罪としてしまう方法があります。モンサント社は大豆や綿のGM品種は商品化済みです。GM小麦は開発済みですが、消費者はもとより、遺伝子汚染を恐れる国内の小麦生産者の反対、また大口の輸入国である日本の小麦バイヤーの不買意向も伝えられ、いまのところは商業化を自粛しています。GM米は商品化の一歩手前にあります。

そしてもう一つの方法は、ターミネーター技術の利用に道を開くことです。そうなれば、これらの作物を作っている多数の農家は、毎年新しい種子を買わなければならなくなるでしょう。種子産業の前途は洋々、膨大な利益が見込まれるはずです。

種子業界の権利を拡張するPVP（植物新品種保護）

種子における育成者権（知的財産権）に、生物特許ともう一つ、植物新品種保護（ＰＶＰ、Plant Variety Protection）があります。ＰＶＰは一九七八年の生物特許の幕開けより早く六〇年代に、植物新品種保護国際同盟（ＵＰＯＶ）条約によって、植物の新品種開発者の知財保護のルールとして標準化されたものです。品種登録された種苗（しゅびょう）は、育成者の承諾なしに業として利用（増殖、譲渡、輸出入）してはならないとするもので、著作権に近いものでした。ところが、種子業界の議会工作により、ＵＰＯＶ条約の九一年改定で、新品種開発者の権利は劇的に拡張され、特許に近い独占権に変えられたのです。

それまで育成者の許諾なしに自由に認められてきた農家の自家増殖と、研究機関や育種家による開発のための利用が原則禁止とされ、オプションの例外としてだけ認められることになりました。また、ＰＶＰと特許の二重保護が認められ、保護期間は二〇～二五年（以前は一五～一八年）に延長され、すべての植物種（以前は二四種だけ）がカバーされることになったのです。

二〇〇六年一一月、植物新品種の育成者権行使に関する国際会議が日本で開催され、私も足を運びました。国内外の種子企業関係者を前に、農林水産省の種苗課長が、農家の自家増殖に関して将来的には育成者権を及ぼす（禁止する）方向へ転換すると表明したので、大変驚かされました。UPOV条約の一九九一年改定で農家の自家増殖は原則禁止となったものの、「例外として認める」ことはオプションとして加盟各国に委ねられているため、ほとんどの国は農家の自家増殖を例外扱いしてきました。日本の場合、稲や果樹等では自家増殖が慣行的に行われているため、種苗法では原則自由としています。

しかしここにきて、自家増殖禁止の方向に一八〇度転換する方針が示されたのです。二〇〇六年一二月一九日、農林水産省の「植物新品種の保護の強化及び活用の促進に関する検討会」がまとめた最終報告では、新品種開発者などの権利保護強化をはかる必要があると明記されました。種苗法で一部の例外を除き自家増殖が原則自由となっているため、これが育成者権の国内侵害の七五%を占めるとし、農林水産省は農家の自家増殖禁止の検討をはじめることにしたのです。

PVPは途上国の農業を破壊する

国際種子連盟など種子業界が自家増殖禁止を強く求めるようになったことも背景にありますが、この方向は日本はじめ欧米先進諸国政府の思惑とも一致します。その真の狙いは、発展途上国をUPOVルールに取り込み、知財で優位に立つ自分たち（の産業界）が途上国から利益を得られるようにするためと思われます。我々も禁止する、だから途上国のあなたたちも同じルールを受け入れるようにというのでしょう。農民のほとんどが自家増殖で種子を得ているのが途上国です。途上国と比べれば日本の自家増殖は多くはありません。

近年FTA（二国〔地域〕間での自由貿易協定）が多数締結されるようになりましたが、その中で日米欧の先進諸国は、途上国を相手にUPOV加盟を約束させています。たとえば日本なら、対マレーシアFTA、対インドネシアFTAなどにUPOV加盟が盛り込まれています。ここ数年間に多くの発展途上国がUPOVに加わりましたが、主にFTAによるものです。

GRAINによれば、種子業界がUPOVに執着する理由は、発展途上国が植物の特許権を拒絶し続けたとしても、特許権に近くなったPVPが種子産業の独占を保護してくれるからであり、それに、特許に比べPVPの権利取得のほうがずっと容易だからです。新品種のPVP取得の要件は、新規性、区別性、均一性、安定性だけです。特許の場合は、新規性、進歩性、有用性（産業上利用することができる）の要件を満たすことが必要で、中でも有用性の証明は難しく、難易度は格段の差があります（なお、GM植物に限らず普通の品種でも特許は取られています。米国では、現在非GM植物に二六〇〇以上の特許があります）。PVP登録された大部分の植物は、特許の基準は満たしそうにないものです。しかし、次のUPOV条約改定（UPOV五〇周年の二〇一一年頃か）ではPVPをほとんど特許と同じ独占権のレベルに定めようとしています。

PVPの権利強化は新品種の開発を妨げる

種子業界が次のUPOV条約改定に盛り込もうとしているのは、農家の自家増殖と研究のための無料アクセスを完全に禁止することです。これが実現すれば、農家や研究機関によって生み出されてきた新品種の開発と進歩が妨げられてしまうでしょう。新品種開発の進歩が妨げられても、自分たちが儲けることのほうが大事というわけです。世界中に今日存在する作物品種のほとんどは、農民や研究機関が営々と選抜し、掛け合わせて作り出してきたものです。新品種もハイブリッドもGMもその資源をもとに開発されているものなのです。

自家増殖禁止となったら、UPOV加盟国の農家は、デュポン社、バイエル社、シンジェンタ社、そしてモンサント社など種子業界に、毎年七〇億ドル（彼らのいう、毎年の権利喪失額）を支払うことになるでしょう。そして将来的には、我々の食料システムが、彼ら企業の完全な支配のもとに置かれることになるのではないでしょうか。

また次の改定では、研究機関の新品種へのアクセスは、一〇年間禁止し、その後、登録とロイヤリティの支払いを求めるとしています。そしてこれを実行ならしめるため、種子銀行システムを構築するとしています。品種育成のために使用できる合法種子は、種子銀行から正式な手順に従って許可された種子だけとなり、それにはロイヤリティの支払いを伴うことになります。

核戦争や自然災害に備える終末種子貯蔵庫

この種子銀行システム構想の下敷きになっているのが、国際農業研究協議グループ（CGIAR）の遺伝子銀行やノルウェー領に建造された終末種子貯蔵庫ではないでしょうか。

ビル・ゲイツのビルアンドメリンダゲイツ基金、ロックフェラー財団、モンサント社、シンジェンタ財団などが数千万ドルを投資して、北極圏ノルウェー領スヴァールバル諸島の不毛の山に終末種子貯蔵庫を建造し、二〇〇八年二月に活動を開始しています。ノルウェー政府によれば、それは、核戦争や地球温暖化などで種子が絶滅しても再生できるように保存するのが目的といいます。

この貯蔵庫は、自動センサーと二つのエアロックを備え、厚さ一メートルの鋼鉄筋コンクリートの壁でできています。また爆発に耐える二重ドアになっています。北極点から約一〇〇〇キロメートル、摂氏マイナス六度の永久凍土層深くに建てられた終末種子貯蔵庫には、さらに低温のマイナス八度の冷凍庫三室があり、四五〇万種の種子を貯蔵できます。

核戦争や自然災害など深刻な災害に世界の農業が見舞われたとき、果たして各国はこの貯蔵庫から種子を取り出し、食糧生産を再開することができるのでしょうか。

終末種子貯蔵庫の供託者は、FAO（国連食糧農業機関）のもとで運営されているCGIARです。ここは受託協定に基づき世界各地の作物を保管する一五の遺伝子銀行を所有しています。GRAINは、受託制度とはつまるところ、CGIARに保管物への「ほぼ排他的」なアクセス権を与えるものだと非難しています。

ＣＧＩＡＲはロックフェラー財団とフォード財団によって一九七二年に設立されました。ＣＧＩＡＲが所有する一五の遺伝子銀行を合わせると、六五〇万種以上の種を保有しています。

失敗した「緑の革命」

一九四〇年代から六〇年代にかけて、「緑の革命」が穀物の大量増産を達成したといわれています。そこに資金提供し主導したのがロックフェラー財団やフォード財団でした。ロックフェラー財団の農学者ノーマン・ボーローグは、その指導者として食糧増産を果たした功績により、七〇年にノーベル賞を授与されています。飢餓問題に直面するメキシコやフィリピン、インドの共産化（赤の革命）を防ぐために緑の革命が必要であったとも指摘されています。緑の革命では、トウモロコシ、小麦、米などの多収量品種を投入しましたが、それらはいずれも従来の二倍以上の収量（肥料の吸収効率が良い）があり、茎が短く、肥料を余分に与えても倒伏しないなどの特徴を持つものでした。しかし、茎が短いため湿地での生産に不向きで、灌漑事業と農薬・化学肥料を大量に必要としたのです。

七〇年代に入った頃から、表土の塩類集積[*7]が大きな問題となり、また、農薬に耐性を持つ病虫害の大発生に見舞われたりして、逆に生産量を減らす例が出てくるようになりました。化学肥料と農薬の使用による汚染で、水田が淡水魚の繁殖池として機能しなくなり、農民の副食の自給力をそぐことにもなりました。

それまでの伝統的自給農業を近代化農業（農薬や化学肥料を使用し、種子企業が提供する多収量品種を用いる）に変貌させた緑の革命でしたが、新品種作物の種子代金と種会社へのライセンス料金、および化学肥料や農薬の代金による経済的圧迫が農家を脅かし、さらに、収量は増加したものの、多収量品種は味が悪く、消費者の不評により市場価格が暴落しました。このため、農地を担保に借金をする農家が続出し、農民たちの貧困を助長する結果を招いたのです。食い詰めた農民は都市のスラムへ流れ、発展途上国のスラム人口を増大させたのです。

また、導入品種の単一栽培により、それぞれの土地に古くから定着してきた多数の栽培種が失われてしまいました。

いまでは、緑の革命は失敗であったと認識されています。それは、伝統的な農業における食料生産のコントロールを、農民の手から多国籍企業の手に移す、アグリビジネスモデルを広げるためのプロジェクトであったといえます。

ゲイツらのグループは、「アフリカの緑の革命のための連合」にも投資していますが、これもアフリカの伝統的農業を、近代化農業のシステムに移行させるためのもので、「緑の革命」と同じ道をたどるのではないかと危惧されます。

各国が種子銀行を持つことは、いま急速に失われつつある遺伝子資源の保全のためには、農家や育種家などが利用できる開かれたシステムである限り、社会的に有益であり、必要なことです。しかし、緑の革命のロックフェラー財団、自殺種子技術を有するアグロバイオ企業、そして独占を得意とするゲイツが世界の種子を集めて終末種子貯蔵庫に保管するのは、種子支配のためではないかと疑念を持たざるを得ません。

農民たちがその土地で引き継がれてきた種子を畑で育てることが、保全のもっとも確実な方法です。種子の遺伝子はその風土と環境に結びついた形で、引き継がれていくものだからです。

主要農作物種子法の精神復活を

日本の場合ほとんどの栽培野菜はいまやハイブリッドであるため、農家は種は毎年買うのが当たり前になっています。種採りができなくなると聞いても日本の農家にはピンとこないのは、無理からぬことかも知れません。しかしこの先、国際的に種会社の寡占化が進めば、種会社は、農家が求める品種を揃えるのではなく、自らが売りたい、儲かる（たとえばGM）種しか売らなくなる事態もあり得ます。

有機農家の中には、地域の風土に合った在来品種を残そうと自家採種を続ける人たちがいます。その一人、長崎県で「種の自然農園」を営む岩崎政利氏は、二五年ほど前から有機農業に切り替え、少しずつ野菜の自家採種をはじめています。現在、約八〇種類の野菜を産し、五〇種類以上の種子を採っている種採りの名人です。また、岩崎氏も所属する日本有機農業研究会の「種苗ネットワーク」では、有機農家の林重孝氏らが中心になって、有機農家が自家採種したさまざまな種を持ち寄って種苗交換会を開催しています。また、伝統品種、地方品種などの自家採種活動、情報提供、保管、頒布なども行っています。こうした自家採種活動は、農家の手に種を取り戻す意味でいまやとても貴重なことです。

かつては「主要農作物種子法」という法律で、米、麦、大豆については公的機関のみが品種開発し、私企業の参入は認めませんでした。国民の命にかかわる穀物の種子は公的なものとし、利益追求の商品にしないとの考えに立っていたのです。それが、競争により品種開発が促進されるという理由で規制緩和され、民間企業の参入を認めるようになりました。日本モンサント社は、GMではない普通の米の新品種開発も手掛けており、「とねのめぐみ」という米で、二〇〇六年、茨城県の産地品種銘柄米指定を取っています。

これまでに述べた種子をめぐる今日の情勢からいえば、私は、穀物種子は商売のタネにさせてはいけない、「主要農作物種子法」の精神に戻る必要がある、と強く思うのです。

アグロバイオ企業による種会社の買収

多国籍ケミカルメーカーだったモンサント社、シンジェンタ社、バイエル社、デュポン社等が、いまでは世界の種子産業のトップを占めています。これら巨大企業はその資本力で、企業買収を重ねてターゲット分野への参入を果たしてきました。

石油化学、農薬産業の停滞を見越し、こぞってバイオベンチャーを（特許もろとも）次々と買収して、バイオテクノロジー分野に躍り出ました。モンサント社は、一九九六年、バイオ企業のカルジーン社、エコジェン社、デカルブジェネティィクス社などの株式を保有、買収し、九七年に自社をアグロバイオ企業に衣替えしました。シンジェンタ社は二〇〇〇年一一月に、ノバルティス社（スイスのチバガイギー社とサンド社が前身）のアグリビジネス部門とゼネカ社のアグロケミカルズ部門が合併して生まれたアグロバイオ企業です。ドイツのバイエル社はバイオ企業アベンティスクロップサイエンス社を買収し、バイエルクロップサイエンス社としてグループ企業に加えました。

モンサント社はじめこれら企業がバイオ技術をわがものにして開発した遺伝子組み換え作物は、もっぱら自社の除草剤とセット売りの除草剤耐性作物である理由がここにあります。モンサント社は、自社の除草剤「ラウンドアップ」に耐性を持つGM大豆や菜種などを「ラウンドアップレディ」という名前で商品化。バイエル社は、自社の除草剤「リバティ」（日本での商品名「バスタ」）に耐性を持つ、「リバティリンク」菜種を商品化するという具合です。

そしてアグロバイオ企業となったあと、次は種会社をターゲットに世界中で買収を展開しました。いまでは世界の種会社の大半がこれらの企業に買収されるか、傘下に吸収されています。これによって従来の種会社が持っていた種子の流通経路、販売網、市場ノウハウなどをそっくり彼らアグロバイオ企業のものとしたのです。

モンサント社は、一九九五〜二〇〇〇年に、世界の五〇余りの種子企業を買収しました。穀物メジャーで有名なカーギル社の種子部門、大手大豆種子企業のアズグローアグロノミクス社、トウモロコシの種子企業であるホールデンスファウンデーションシーズ社、大手綿種子企業であるデカルブ社、インドの大手綿種子企業マヒコ社を買収するなどして、世界の主要な種会社を傘下に収めたのです。さらに〇五年一月には、世界最大の果実・野菜種苗のセミニス社（米国カリフォルニア）を一四億ドル（約一四四〇億円）で買収。これによってモンサント社は、ついに世界一の種会社になりました。

ETCグループ[*8]によると、〇六年、世界の登録種子市場においてトップ一〇企業が六四%を、トップ四社が四九%を、モンサント社一社で二〇%以上を支配するようになり、寡占化が進んでいます。なお、モンサント社はGM品種では約九〇%を支配しています。

世界種子会社トップ10（2006年）

企業名	種子売上高（100万ドル）
1．モンサント（米国）	$4,028
2．デュポン（米国）	$2,781
3．シンジェンタ（スイス）	$1,743
4．グループ　リマグレイン（フランス）	$1,035
5．ランド・オ・レイクス（米国）	$756
6．KWS AG（ドイツ）	$615
7．バイエルクロップサイエンス（ドイツ）	$430
8．デルタ&パインランド（米国）*	$418
9．サカタのタネ（日本）	$401
10. DLF-Trifolium（デンマーク）	$352

*後にモンサントが買収
ETC Group の資料より

日本では、バイオ作物懇話会（宮崎県、代表長友勝利氏）が、モンサント社のGM大豆を、茨城、岐阜、滋賀など各地で次々と植え付ける活動を展開しました。しかし地元はどこも反対し、GM大豆はうね込まれてみな潰されています。

日本の大豆生産は自給率でいえば四％ほどしかなく、モンサント社にとってGM大豆種子の市場としてはとるに足らないものです。まして消費者の反対の強い日本で、売れるはずもないGM大豆を生産者が作るでしょうか。GM大豆植え付け活動は、日本でもGM大豆が生産されているという既成事実を作り出し、国産大豆にこだわる消費者をあきらめさせ、輸入GM大豆を受け入れさせることを意図しているのではないかと思います。長友氏は昨年末、テレビの取材に、GM大豆の生産で耕作放棄地が増えている日本農業の発展をはかるのだと語っていましたが、非GMを保っている日本農業の優位性を失わせる以外のなにものでもありません。

遺伝子組み換えをめぐるビジネス戦略

農林水産省国際食料問題研究会報告書「食料をめぐる国際情勢とその将来に関する分析」（二〇〇七年一一月）は以下のように記しています。

遺伝子組み換え技術の開発企業であるモンサント、デュポン、シンジェンタの主要三社は、それぞれ穀物メジャーであるカーギル、バンゲ、ADM社などとの有形無形の提携を通じたグローバルネットワークを形成している。

これらの企業は、技術料と知的財産権によって収益を確保するビジネスモデルを確立しており、例えば、モンサント社は全売上高に占める調査研究費の投資割合が一〇%程度と高い反面、種子・ゲノム部門の粗利益率の割合も極めて高い水準にある。

現在は、知的財産権が明確に保護されるアメリカでのビジネスを主戦場としているが、既にバンゲ社が資本の相当部分をブラジルに移すなど穀物メジャー企業が露払い的な動きをみせていたり、米国内の野心的生産者が自国の土地を処分して南米での生産にシフトしていることなどから、今後は北アメリカから南アメリカ、EU、アジア、アフリカへと市場が移行・拡大すると見込まれる。

第四章

遺伝子特許戦争が激化する

世界企業のバイオテクノロジー戦略

米国のバイオテクノロジー戦略

二〇世紀の産業の基幹をなしていた石油化学工業、それに続くＩＴエレクトロニクスに代わる新たな二一世紀の産業として、早くから米国が位置づけたのがバイオテクノロジー（生命工学）です。バイオテクノロジーは開発技術そのものが知的財産としてお金をもたらすものです。これまでのハード（モノの生産）産業からソフト（特許など知的財産権）産業にシフトし、知的財産権がクローズアップされる時代になりました。

一九七三年、米国スタンフォード大学のコーエン（Stanley N. Cohen）とカリフォルニア大学のボイヤー（Herbert W. Boyer）が、共同研究によって遺伝子組み換え基本技術を開発しました。これを初のバイオ関連特許として米国特許商標庁（ＵＳＰＴＯ）に特許出願し、八〇年に特許が成立したのです。

特許所有者のスタンフォード大学には、一七年間の特許期間中に、計四六八社にライセンスされたことによって、合計二億ドル以上の特許収入がもたらされました。これは産業競争力強化策として八〇年に制定された「バイドール法」によるものです。政府の資金援助を受けた研究が生み出した知的財産であっても、当該大学にその権利を帰属させることが可能になり、これによって大学は、企業などにライセンス供与することができるようになったのです。

またボイヤーはジェネンテック（Genentech）社を設立し、その研究成果の事業展開で華々しい成功を収め、バイオベンチャー輩出の先鞭をつけたのでした。コーエン・ボイヤー特許を契機に、バイオテクノロジーの特許・知財は莫大な利潤をもたらす新たなビジネス分野として、米国の国家経済戦略に位置づけられるようになりました。

遺伝子の特許化は「海賊行為」

一九八〇年代、レーガン政権は、特許を重視し、発明や技術を強く保護する政策（プロパテント政策）を行いました。特許関係専門裁判所を設立するなどして、知財の保護強化で先行し、産業界の国際競争力を高めたのです。

これを背景に、八六年にスタートしたGATT（関税および貿易に関する一般協定）ウルグアイラウンド交渉において、貿易問題の一部として知的財産権が議論されるようになりました。GATTが発展的解消して、より強制力のあるWTO（世界貿易機関）が九五年一月に発足しました。WTO協定に知財保護のミニマムスタンダードを定めたTRIPS

協定（知的所有権の貿易関連の側面に関する協定）があり、特許権、商標権、著作権の保護・強化を加盟国に義務づけています。

知財は社会的価値のあるものではありますが、いまでは巨大企業が製品を独占するための武器になりつつあります。たとえば、製薬、農薬、総合化学メーカーが種子産業に進出して、現在ではほぼ独占体制を築き上げています（第三章参照）。これまで新品種の開発は、技術使用料を取れても最終製品の独占はできなかったのですが、生物特許が認められ独占が可能となりました。

また米国は、九八年に遺伝子そのものに特許を認めるようになりました。このとき米国特許商標庁（USPTO）が、「構造・機能」の解明が不十分でも、独創性と産業利用に役立つならば特許を与えるという方針を打ち出しました。遺伝子組み換え品種の特許はもちろんのこと、一般種子も特徴ある遺伝子を見つけて特許化すれば、その植物そのものの独占権が認められるようになったのです。そして、膨大な遺伝子データがDNAシーケンサー（DNA上の塩基配列の自動読み取り装置）で自動的に記録されるようになったため、特許申請の洪水が起きています。

この特許戦争で利益を得るのは先進諸国の農業・製薬関連企業であり、植物資源の供給源である途上国はらち外にあります。このため先進諸国の行為はバイオパイラシー（生物的海賊行為）と非難されています。

生物的海賊行為の事例

◆バスマティ米

パキスタンとインドで何百年にもわたって栽培されてきた香りのよい高級米バスマティを、米国のライステック社が本国に持ち帰り、バスマティと半矮性品種を掛け合わせたハイブリッド三品種を作り出して米国特許を取得しました。そしてこの変種を「バスマティ米」として売り出したのです。このことは、輸出用バスマティ米を耕作する数百万の農家が特許料を支払わなければならなくなったり、種子の保存ができなくなることを意味します。インド政府や世界中から米国政府に抗議が殺到し、特許商標庁は二〇〇一年八月、バスマティ米の特許の大半を取り消しました。欧州委員会では、原産地保護名称法のもとに、バスマティ米をその地域の特産物として保護することで合意に至りました。

◆メキシコ黄豆

メキシコ黄豆（アヤウアスカ）は南米先住民族が利用してきた薬効植物です。一九九四年、米国の種業者POD‐NERSがメキシコにて黄豆を購入。同社の会長ラリー・プロクターは、この豆の特許を九九年に取得しました。その後、黄豆を米国で販売するメキシコの食品会社二社を、POD‐NERSの特許権の侵害に当たると告訴しました。特許取得した黄豆の遺伝子は、既存のさまざまなメキシコ黄豆と同一であることが証明されました。その結果、米国で黄豆を販売することは特許侵害となり、メキシコからの出荷は中断されました。メキシコ農民は得ていた輸出収益の九〇%を失ったのです。

この事例は生物的海賊行為の教科書的事件として非難され、二〇〇〇年にカナダのETCグループが特許を不当なものとして再審査を申し立てました。八年後の〇八年四月二九日、米国特許商標庁は特許請求の範囲内のすべてを拒絶する決定を下しました。

しかし特許所有者が、連邦裁判所に訴える可能性はあります。しかも、八年もの長きにわたり市場を独占した特許で損害を蒙ったメキシコ農民は、損害賠償されることはないのです。

メキシコ黄豆をはじめ、キノア、マカ、サングレ・デ・ドラゴ、オオディア(イチイ科諸植物)等、先住民族が育み利用してきた薬効植物の種(とその知識)の特許化は、TRIPS協定によってあと押しされてきたのです。

米国の生物学者ヨーナス・ソークは、小児麻痺（ポリオ）予防のためのソークワクチン（不活性ワクチン）を開発しましたが、その製品管理を問われて、「特許はいりません。あなたは太陽に特許を与えることができますか」と答えたそうです。

食料農業植物遺伝資源条約を批准しない日本とアメリカ

ＦＡＯ（国連食糧農業機関）は「遺伝資源は人類の共有財産で、自由に利用できるもの」という考えを一九八三年に提唱しています。九三年に発効した「生物多様性条約」では、「生物多様性の保全と自国遺伝資源に関して主権的権利を有すること、その利用から生ずる利益を衡平に分配すること」が規定されました。特許や育種者の権利（植物新品種保護＝ＰＶＰ）等知財強化を推進する先進国からは、反対の声も多く、途上国が強く主張して難航のすえ合意されました。なお、米国はいまだ「生物多様性条約」を批准していません。

これを受けて、二〇〇四年に成立・発効した、「食料農業植物遺伝資源に関する国際条約」では、稲や小麦など三五作物と二九飼料作物をリストアップし、これらについて研究の利用促進と衡平な利益分配をうたっています。また、「農民の権利」として、農民による過去、現在、未来にわたる植物遺伝資源の保全・改良・利用可能性を保証すること、農民の知的統一体から生まれた権利を尊重し、商品化されるときはいつでも代償請求できること、また、農民、栽培業者、研究者グループがこれらを無料で共有すべきことなどがうたわれています。これに対し、日本は米国とともに署名を拒否して現在に至ります。

これらの条約署名を拒否し、TRIPS協定やUPOV（植物新品種保護国際同盟）条約などで企業の権利強化ばかりをはかろうとするのは利己的な恥ずべき態度であり、なにより公正ではありません。企業活動の自由は、守るべきルールを守ったうえでこそ認められるものです。人においてと同様、企業も国家も、好き勝手の「自由」はあり得ず、他者の権利も自分の権利と同じく尊重する一定の規律、束縛を伴ってはじめて自由は真の自由たり得るものなのです。

遺伝子組み換えマウスにも特許権

特許権保護強化の国策の恩恵を受けて、米国のバイオ産業は急成長をとげました。バイオ関連特許の保護範囲を拡大させる契機になったのは、連邦最高裁判所が遺伝子組み換え微生物の特許を認める判決を下した一九八〇年のチャクラバーティ事件（第三章参照）です。これを契機として、米国特許商標庁は生物特許の範囲拡大を主導するようになりました。

遺伝子組み換え作物にも特許法の保護が及ぶ審決を出し、八八年には、ハーヴァード大学が開発したガン遺伝子を受精卵に組み込んで作った、生まれながらにガン遺伝子を持つ実験用マウスにも特許を認めたのです。これは遺伝子組み換え技術で改造した動物に与えられた、世界初の動物特許となりました。ハーヴァードマウス作出に対しては、反倫理性、人の遺伝子操作にまで進みかねない危惧、動物虐待、生態系への脅威等の理由による抗議や批判が殺到しました。

なお、ハーヴァードマウス特許では、「非ヒト（ヒト以外の）哺乳類」という広範なクレーム（特許請求の範囲）が容認されたことに対し、産業の公正な競争を阻害する、公的領域に影響を及ぼす等の危惧が指摘されました。バイオ特許にしばしば見られるこうした広範な特許請求の範囲に対して、近年では、特許無効の審決が下されるケースも出てくるようになりました。

二〇〇七年、欧州特許庁は、モンサント社の遺伝子組み換え大豆のすべての種に対する広い特許について、特許拒絶の審判を下しています。ただ、特許をめぐる争いの解決には長い時間がかかり、その間、特許所有者は独占利益を取得し続けます。欧州特許庁のケースも審判決定までに一三年かかっています。

米国の規制緩和と回転ドア人事

バイオ産業が成長をとげるにつれ、米国政府は、バイオテクノロジーの発展を明確に国家戦略上の重要事項と位置づけるようになりました。一九九一年、ブッシュ大統領直属の大統領競争力評議会は「国家バイオテクノロジー政策報告書」をまとめました。同報告書は、バイオテクノロジー産業をバックアップする規制緩和、特許保護の強化等の必要を説き、また、バイオ分野で世界のトップになるために遺伝子組み換え食品に規制はしないとの方針を示しました。

これに憤慨したＦＤＡ（食品医薬品局）の研究者たちが、遺伝子組み換え食品は人類がこれまで口にしたことのないものであり、毒性や新奇の物質生成のおそれ、またアレルギー性疾患を引き起こす懸念もあると言明し、全項目の安全性試験が必要であり、環境問題も同様に考慮すべきであると強く主張したのです。ＦＤＡに抵抗され、評議会の長であった副大統領のダン・クエールは、モンサント社の元上級法律顧問、マイケル・テーラーを食料政策の副長官として起用しました。彼は実際には無規制同様の、形だけの規制（「実質的同等性」の評価）を書き上げ、米国の正式な安全性評価としてしまいました。あとに続いたクリントン政権もバイオテクノロジー支援を明言し、米国政権は以後、関連予算の継続的な拡充に力を注ぐようになりました。

米国政権の産業界との密接な関係は、回転ドアと揶揄されています。規制当局のトップに産業界の役員が就いて規制緩和を行い、業界へ戻る――この往復人事を回転ドアと呼ぶわけです。米国内のみならず外交においても、自国産業界に都合良く相手国に規制緩和を実施させるという悪しき力を及ぼしています。企業が巨額の大統領選挙資金を大統領候補に献金してきた構図が背景にありますが、少額の個人献金を集めて、相手候補の企業の大口献金による選挙資金額を上回ったというオバマ新大統領のもとで、回転ドア人事が解消されることを期待したいものです。

「遺伝子組み換え」表示に抵抗する日本と米国

さて、日本では、一九九六年以来大量に輸入されるＧＭ（遺伝子組み換え）大豆やトウモロコシなどに懸念を持つ消費者の、表示を求める声が高まりました。「表示は不要」との姿勢を崩さなかった政府ですが、厚生労働大臣、農林水産大臣に提出された表示を求める署名数が二二〇万を超え、当時三三〇〇あった地方議会からの表示を求める意見書は二〇〇〇通を超えるという世論を受けて、表示を検討する審議会が厚労・農水両省に設置されたのでした。

表示は必要との結論が見えてきたとき、米国農務長官アン・ベネマンが来日しました（九八年）。中川昭一農水相との会見後、審議会は突然半年間も休会となり、その後発表された表示骨子は輸入されるGM原料の九〇％は表示を免れるというものでした。当時の技術でGMタンパクを検知できる「製品」に表示をするという理屈を作り出し、その結果、表示対象は納豆、豆腐、味噌などごくわずかの食品に止まり、食用油や粉末、醤油などは検知困難と表示対象から外されました。

また飼料は食品表示の対象ではないとし、そのため畜産物の表示は不可能となったのです。原料の大豆・菜種・トウモロコシで検査すればすぐ判別できるにもかかわらず、原料作物ではなく、あくまで製品でとしたのです。EUでは、原料に〇・九％以上GMを含むすべての食品、飼料、添加物にまで表示を義務づけています。

日本が大量に輸入するGM作物の大半は植物油と家畜飼料の原料ですから、それが表示対象外となれば米国の業界は安泰です。アン・ベネマンは、「フレーヴァーセイヴァートマト」という世界初の遺伝子組み換え作物を商品化し、その後モンサント社に買収されたカルジーン社の重役だった人物です。

当時ワシントンの回転ドア人事のリストには、モンサント社関係者の名前が延々と続きます。たとえば環境保護庁次官リンダ・フィッシャー（モンサント社副社長）、商務長官ミッキー・カンター（モンサント社理事）、国防長官ドナルド・ラムズフェルド（モンサント子会社サール社社長）……といった具合です。また米国農務省はほとんど米国アグリビジネスの利益代表と変わらないとして、「アグリビジネス産業省」と揶揄されるほどです。大半の国民が求めているのに、いまだに米国で遺伝子組み換え食品に表示がないのも、業界が政治に影響力を行使している現れです。

ヒトゲノム情報解読競争

医薬品の開発で膨大な利益を見込めるとあって、ヒトゲノム解析にしのぎを削る競争が繰り広げられました。ヒトゲノムとは、一人の人間が持つ全遺伝子情報のことです。細胞内のデオキシリボ核酸（DNA）中に、アデニン、チミン、シトシン、グアニンの四種類の塩基の対がらせん状に約三〇億個並んでいます。この塩基は遺伝子暗号文字と考えれば

DNA の塩基配列図

〈二重らせん模式図〉

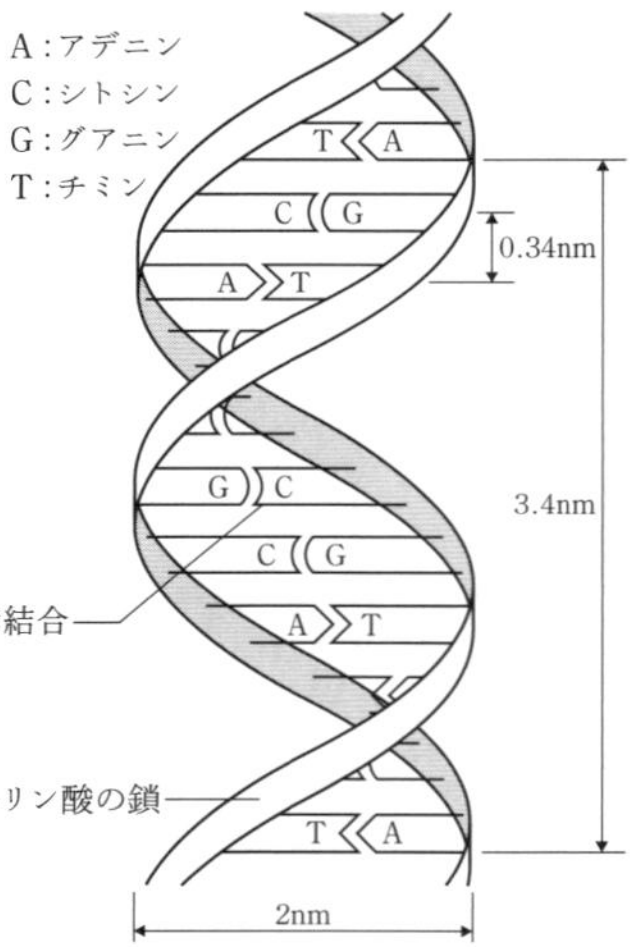

社団法人農林水産先端技術産業振興センター「遺伝子組み換え農作物を知るために」（2002年）より

いいでしょう。ゲノムのうち、生命活動を担うタンパク質を作る部分（塩基の特定の配列――文字で構成される意味を持った「ことば」に相当）が遺伝子です。

米国では、遺伝子の特許化のために、DNAの塩基配列を片端から解読するゲノム解析ベンチャーが次々と生まれました。その代表格がセレーラジェノミクス社です。自身も微生物学者であるクレイグ・ヴェンダー社長が率いる同社は、一九九一年にはじめられた日米欧の公的国際プロジェクト（国際ゲノム計画）を上回るスピードでヒトゲノム解読を進め、激烈な競争を展開してきました。

二〇〇〇年六月、両者は共同で解読完了を発表しました。公的研究陣営は、遺伝子を「資源」と見てゲノム情報のビジネス化を目指すセレーラ社のやり方を懸念したのです。「ゲノムは人類共有の財産」として、解読データの公開に歩み寄らせて共同発表に至りました。〇一年、国際チームとセレーラ社が、ゲノム解読概要版をそれぞれ発表しました。しかし概要版では、約一〇％のゲノムが未解読で残され、〇四年一〇月の完成版の論文発表（「ネイチャー」誌）で、最初のゴールに到達しました。

しかし、約三〇億個の遺伝子暗号文字の解読がされても、遺伝子の個別機能の解明や、病気の原因となる遺伝子を探索し、実際の新薬開発や医療に役立てる研究はこれからなのです。たとえば、個々人の間で、どのくらいゲノムが異なるのかといった重要な問題が残されています。これには、個々人のゲノム解読を可能にするための低コストの技術開発が必要になります。ところで、セレーラ社が解読したのはヴェンダー社長のゲノムだそうですが、国際チームのは誰のゲノムだったのでしょう。

さて、ゲノム解析の結果、タンパク質に翻訳される遺伝子数は予想されていたよりも少なく、二万～二万五〇〇〇個と判明しました。そして九七％の領域が何をしているのかよくわからない、いわゆる「がらくたDNA（ジャンクDNA）」で占められていることも明らかになりました。しかし、最近になって、ジャンクDNAは、これまでの常識を覆すような機能を持っていることがわかりつつあります。

分子生物学者の村上和雄氏は、「人類は生命という深遠な世界のほんのとば口に立っているにすぎず、研究すればするほど、何も知らないということを知るのです」と述べました。まさに生命現象は、想像以上に複雑深遠であることがわかってきたということなのです。ゲノム解析は、生命活動のほんの一端を垣間見たにすぎず、全容は、人類にとって宇宙と同じようなものかもしれません。

アイスランドの人遺伝子データベース

人口三〇万四〇〇〇人の小国アイスランドは、かつてヨーロッパ最貧国だったのですが、わずか一世代で有数の富裕国に変貌しました。そのアイスランドが現在、米国発世界金融市場の混乱を受け、破綻の危機に瀕しているというニュースが流れています。

アイスランドには、ヴァイキングが千年以上前にこの地に移住して以来の、ほぼ全島にわたる家系図が政府に残っています。地理的条件により孤絶していたアイスランド人は、均質な集団を構成しています。このためアイスランドは、病気の遺伝的要因の調査を行うには理想的な場所と見られました。大手製薬会社ホフマンラロシュ社はアイスランド政府に対し、デコードジェネティクス社を介して次のように提案したのです。国民の医療データの利用と引き換えに、そのデータのおかげで治療法を開発できた場合には、国民全員に無料で治療を提供すると。

デコードジェネティクス社は、アイスランドのカリ・ステファンソンが、ハーヴァード大医学部教授の職を捨てて設立しました。彼はアイスランド政府に、独占的に市民の健康記録をデコードジェネティクス社に閲覧できるよう説き伏せ、その代わり、首都レイキャヴィックに投資マネーとハイテク産業を呼び込む約束をしました。一九九八年にアイスランド議会は、国民の医療データ全件と血縁情報を集中管理し、その使用権をデコードジェネティクス社に与え、同社が集めた遺伝データとこれらの情報を照合できるようにすることを決定しました。国家が私企業に、独占的に国民の医療情報と遺伝子情報の保有を許可したことに驚かされます。

アイスランド国民には、病院で診療を受けると、「遺伝子を提供しますか」と書かれた同意書が手渡されます。同意すれば血液を提供し、そこに含まれる遺伝子の情報はコンピューターに蓄積されます。人口の三分の一に当たる一〇万人以上がＤＮＡサンプルをデコードジェネティクス社に提供しました。そしてホフマンラロシュ社はこのデータの一部を利用する権利を二億ドルで獲得したのです。

この取引において、アイスランド人のＤＮＡは、ホフマンラロシュ社の当て込む医学的進歩と物々交換される、集合的財産とみなされました。そのため、自発的にDNAを提供した国民が同意を取り消そうとしてもそれは認められず、その人のDNA配列がデータベースから削除されることはないのです。

アイスランドが国家破綻したら、このデータベースはどうなるのでしょう。

デコードジェネティクス社は、国民の家系と健康状態、DNA分析結果をコンピュータに打ち込みデータベースを作成しました。たとえば肥満を調べるときに、ステファンソンの開発したソフトを使ってスニプス（SNPs）を調べると、数時間後には特定のDNA文字の変異を発見できるといいます。二〇〇七年九月の段階で、デコードジェネティクス社は二八の一般的病気（糖尿病、統合失調症、緑内障、高血圧、卒中、心臓病、前立腺ガンを含む）を引き起こすスニプスを発見しているそうです。

SNPs（スニプス）と特異的遺伝子

SNP（単一塩基多型、Single Nucleotide Polymorphismの略）とは、解読された全ゲノム情報のうち、約千塩基に一つの割合で存在する変形塩基のことです。これが個人差、すなわち体質の違いや薬の効き方、副作用のし方などに関係すると見られており、糖尿病や高血圧症など生活習慣病の原因となる遺伝子解明の鍵とされています。

スニプスが新しい遺伝単位と認識されるようになったのですが、こうしたスニプスを見つける遺伝子探索は諸刃の剣です。特定の病気の遺伝子を持つ人に予防的医療が施せるかというと、それはいまでは難しいと認識されるようになっています。それよりもその人が、その病気を忌むべきものとした差別や社会的不利益を蒙ることが懸念されます。これこれの病気のスニプスがあるからと保険会社が保険加入を断ったり、就職・結婚差別が起こりかねません。遺伝子で人を振り分ける社会は恐ろしい社会です。

病気になるのは単に遺伝子のせいだけではありませんし、そういう遺伝子があっても必ずしも発症するとも限りません。もちろん特異的な遺伝子のせいで難病を発症する人たちはいます。しかし、柳沢桂子氏は、その人たちのことを、人類の多様な遺伝子プールの中で、私の代わりにその遺伝子を引き受けてくれた人たちと考えておられます。

生命体が生きる環境は変化します。どのような環境になっても、誰かが持つ特異的遺伝子によって生き延び、生命の継承がなされるのです。そのように認識されれば、難病を社会が受容し、助け合う人類の姿が浮かび上がります。

特異的遺伝子が生命継承に必要であることを明らかにしている例が鎌形赤血球症です。

アフリカなどマラリアが発生する地域には、血液中の赤血球の変異型である鎌型赤血球を持った人が多く見られます。鎌型赤血球の遺伝子は、正常な赤血球の遺伝子とたった一つだけアミノ酸が異なります。その結果、赤血球の中のヘモグロビンが変化し、赤血球の形も鎌のような三日月形になって毛細血管などでは詰まりやすく、重症の貧血を起こす病気です。

しかし、鎌形赤血球症の人は、マラリアにかかりません。形が文字どおり鎌状であるために、赤血球に穴があいて、中のカリウムイオンが外に飛び出してしまいます。カリウムイオンは、原虫が成育するために不可欠な物質であるため、カリウムがなくなると、鎌型赤血球の中に入り込んだ原虫は成虫になれずに死んでしまいます。ですから、鎌型赤血球は自己破壊するとともに、中の原虫も殺すことができるわけです。鎌型赤血球は、貧血を代償に、マラリア原虫が多い地域でも人が適応できるための特異的遺伝子なのです。

イネゲノム解析競争

ヒトゲノム解読とともに国際的なターゲットになったのがイネゲノムです。米は世界の半分の人たちが主食とする重要な穀物であることもありますが、もう一つの主食の小麦の有用遺伝子を見つけるのにも大いに役立つからです。

イネゲノムは染色体で一二本、DNAでいえば約四億の塩基対からなります。この中に、推定三万といわれる遺伝子が埋め込まれています。コムギゲノムの染色体は二一本でDNAは一七〇億塩基対と、イネゲノムの四〇倍にも及びます。小麦はイネ科で、稲と共通の祖先から生まれたため、その染色体のあちらこちらに稲と同じDNA構造が、それもかなりの長さにわたって埋め込まれていることがわかってきています。稲のゲノム地図から、小麦で類似の働きをする塩基配列の場所が類推できるのです。小麦に比べて圧倒的に少ない稲のDNAの解析が小麦にも役立つわけですから、イネゲノム解析への期待は大きいのです。

ヒトゲノム解読同様に、日本はイネゲノム解析に国家予算を傾注して取り組みました。一九九一年に農林水産省は「イネゲノムプロジェクト」を開始。九八年には日本の主導で、米、韓、中、台、タイ、フランス、カナダ、インドの研究機関と、国際コンソーシアム「国際イネゲノム塩基配列解析プロジェクト（IRGSP）」を結成し解析に取り組みました。

一方シンジェンタ社（スイス）は、二〇〇一年一月、イネゲノムの解読をほぼ完了したと発表し、その結果は〇二年四月五日号「サイエンス」誌に掲載されました。同年五月、シンジェンタ社は、イネゲノム概要塩基配列データをＩＲＧＳＰと共有することで合意。そして〇四年に、ＩＲＧＳＰはイネゲノム全塩基配列（約三億七〇〇〇万塩基）の解読を完了し、公開しました。

さて、大事なのはそれから先で、公開された塩基配列の中から有用な働きをする遺伝子を見つけ出すことが特許につながるため、世界的に熾烈な先陣争いが繰り広げられています。有用な遺伝子を同定したら、それを遺伝子組み換え技術によって組み換え作物作出につなげようというわけです。

日本における遺伝子組み換え作物の開発

日本では、民間企業が早くから遺伝子組み換え稲の開発を手がけていましたが、国内市場には受け入れられないとの観測からすべて撤退し、サントリーのように遺伝子組み換えの青いカーネーションなど花卉開発を海外で行うという程度に止まっています。都道府県の試験研究機関も成果に乏しいうえ、また地元住民の実験反対も強く、遺伝子組み換え研究開発から撤退をしたところが多いのが実情です。

現在、遺伝子組み換え稲の研究開発に取り組んでいるのは、農林水産省傘下の独立行政法人試験研究機関です。特許競争で勝ち残らねばという国家的命題を掲げて、たくさんの予算がつぎ込まれています。

目的とする開発は、（一）複合病害抵抗性稲、（二）不良環境耐性稲、（三）機能性成分を高めた稲です。

◆複合病害抵抗性稲

カラシナの持つ抗菌物質を作る遺伝子を導入した複合病害抵抗性稲に関して、二〇〇五年四月から二年間、農業・生物系特定産業技術研究機構の北陸研究センター（新潟県）で野外栽培実験が行われました。この稲では抗菌物質ディフェンシンが常時作られるため、いもち病や白葉枯病を引き起こす細菌や糸状菌に抵抗性を持ち、病気にかかりにくくなる、それで農薬散布が減るという触れ込みです。この野外栽培に対して、地元農家らが原告となって差し止め仮処分が提訴され、続いて民事訴訟が起こされています。周辺水田の稲との交雑が起きれば、米農家にとっては死活問題になります。さらに原告側は、ディフェンシン耐性菌の出現を促す重大な危険性を指摘しています。

ディフェンシンは近年知られるようになった抗菌物質ですが、カラシナだけでなく、さまざまな植物、昆虫、人間も、病原菌に対する最前線の生体防御物質として産生するものです。病原菌が体内に入っても、気管や腸壁などからディフェンシンを出して病原菌を殺しているから日常を問題なく過ごせるのです。もしディフェンシン耐性菌を生み出してしまったら、細菌同士は遺伝子交換を行うので、耐性遺伝子はどんどん伝播していきます。

たとえば、身近にいる緑膿菌などが、ディフェンシン耐性を獲得して体内に入ったら、健康な人でもたちまち常態ではいられなくなります。それは公衆衛生上大変な脅威になります。

ディフェンシンにはいろいろと種類があり、カラシナとヒトのディフェンシンとは構造が異なる部分もあるのですが、共通部分もたくさんあり、カラシナディフェンシンの耐性菌がヒトディフェンシンにも耐性であることは十分に考えられると、微生物学者らは指摘しています。

さまざまな生物がディフェンシンを生産しているのに、自然界で耐性菌が出ていないのは、自然界では必要なときにしか作られないからです。耐性菌を生み出さない巧妙な自然のメカニズムなのでしょう。しかし人工的にディフェンシン遺伝子を常時働かせディフェンシンを生産し続けるＧＭ稲では、耐性菌の出現が危惧されているのです。

第一種使用規定という野外栽培実験の指針作成にも、野外栽培の審査会にも、微生物学者は入っていませんでした。それで、このような危険性があることを想定できなかったのです。野外栽培試験は二年間行われ終了しましたが、いもち病と白葉枯病の複合耐病性の成果はほとんど見られませんでした。なお、裁判は現在係争中です。

◆不良環境耐性稲

鉄欠乏耐性遺伝子組み換え稲については、〇五年から東北大学が野外栽培実験を行いました。アルカリ土壌において稲の鉄吸収が悪く、生育障害を起こすのを改善するために、アルカリ土壌でも生育する大麦の鉄吸収にかかわる遺伝子群を単離し、稲に導入したものです。国内ではアルカリ障害による稲作不能地域は少なく、開発の目的は海外での利用です。二年間の野外実験を終了しましたが、これもその先への進展は見られません。

◆機能性成分を高めた稲

〇四年四月、農業生物資源研究所と全国農業協同組合連合会（全農）が、神奈川県平塚市の全農施設において、花粉症緩和（スギ花粉ペプチド含有）稲の野外栽培実験をはじめると発表。しかし地元住民の強い反対にあい、全農は試験栽培を中止しました。これに代わり〇五年六月、農業生物資源研究所が茨城県つくば市で野外栽培を開始し、〇九年三月、越冬性の調査をもって栽培終了と発表しています。

実は〇七年はじめに、厚生労働省がこの稲を医薬品として扱うという方針を決めたことにより、農林水産省がもくろんでいた特定保健食品としての商品化はできなくなったのです。今後は医薬品として厳しい安全性試験が要求されることになります。そのため農林水産省は、実験動物に食べさせる量の確保を目的に、〇七年一月より、日本製紙に試験栽培を委託。同社は徳島県小松島の工場内に温室を作り、年三作で試験栽培を開始しました。

ところが〇八年九月末、日本製紙が経営の合理化から小松島工場を閉鎖しました。子会社が一部生産を継続する中、農林水産省委託事業の花粉症緩和米の試験栽培は続行されています。しかし、野外栽培まで行ったGM稲開発のうち商業化に一番近いといわれたスギ花粉症緩和米も、医薬品として販売される日は果たしてくるのか疑問です。

医薬品なら、なにも米の形をしていなくても良いのです。環境汚染問題もなく、間違って食べる危険もない錠剤の医薬品で事足ります。米にできたスギ花粉ペプチドを食べ続けると、減感作作用でスギ花粉に体が慣れて発症しにくくなるという免疫療法をもとにしているのですが、これは確かめられたものではありません。アレルギー発症の危険性はないのかなど、いくつもの懸念が払拭されません。

河田昌東氏（遺伝子組み換え情報室）は、スギ花粉症緩和遺伝子組み換え稲の問題点として次のように述べています（〇四年五月）。

普通の米に比べてある種のタンパク質は多量に増加し、別のタンパク質は減少するなど、明らかに宿主の他の遺伝子の発現または蓄積に影響を与えている。多量に蓄積しているのは米の貯蔵タンパク質グルテリンの前駆体とシャペロニンタンパク質である。たとえば、グルテリンは腎臓病患者や米アレルギー患者にとっては有害なタンパク質である。もし、花粉症緩和を目的（これ自体証明されていないが）とする消費者が偶然上述のような疾病を抱えており知らずにこれを食べれば、その有害性は明らかである。

遺伝子組み換え稲の将来性

農林水産省の遺伝子組み換え稲の開発は今後も続くようです。抗菌物質耐性菌の出現が危惧される複合病害抵抗性稲を、今度は多収系統と掛け合わせて、飼料用稲を作出するとしています。さらに新たな開発目標をかかげ、社会的受容が期待できる組み換え作物として次のような稲をあげています。温暖化による気象変動対応の不良環境（高温、乾燥、塩害など）耐性稲、機能性成分を高めた、たとえば、栄養価や特定の成分量を高めた稲、そして低コスト・高付加価値飼料用、たとえば、超多収飼料用稲などです。

遺伝子組み換え稲の開発にこだわるのは、日本が得意な稲でなら特許競争に勝っていけるとの思惑があるからでしょう。しかし、そもそもこの特許競争は、人類に発展をもたらす公正なものといえるのでしょうか。米国は、WTOのTRIPS協定を使って、米国流の国際特許システムを全世界に構築しようとしていますが、それは優位にあるものがさらに有利になるだけです。

特許の対象ではあり得ない遺伝子

だいたいゲノムの配列は発見であって発明ではありません。我々が気づく以前から自然界に存在するものです。ある遺伝子の所有権を主張することは誰にもできないことです。遺伝子の特許とは所有する権利ではなく、他人がその遺伝子を商業目的に利用することを妨げる権利でしかありません。特許制度の目的の一つは、競争を刺激し、よりよい産業に資することとです。基礎的な塩基配列や機能などの発見を特許として認めては研究そのものが阻害されてしまいます。

しかし遺伝子に関する特許の申請はすでに五〇万件を超えて、複雑さを増しています。ジョン・サルストン（ケンブリッジ大学、ノーベル賞受賞の生物学者）は、「特許は発明を生むような応用分野のみに厳密に限定すべきだ」とし、「遺伝子特許による配列情報の私有化など細分化を防ぐには公開することだ」と述べています。公開された情報は公知の事実となり特許化はできません。ソフトウェアのオープンソースと同じく、基本データをすべての人に開放すること、ヒトゲノム解析で国際コンソーシアムがとった姿勢のようにです。

公共財としてあるべきものは特許という私有化から切り離す、そうした理念に基づく特許のあり方を標榜することが真の国益だと思います。特定の先進国にのみ優位であるルールは、国際社会で力を増してきた途上諸国によって遠からず力を失うのではないかという気がします。

そもそも遺伝子組み換え作物の人体や環境における安全性、農業に与える影響の検証などはまったく不十分であり、とくに必要な長期的影響については調べられておらず、わからないのです。消費者が食べたがらない、売れないＧＭ（遺伝子組み換え）稲を生産者が作るでしょうか。遺伝子汚染という修復不可能な環境問題、はたまた農家の交雑被害・風評被害に誰が損害賠償の責任を負うのでしょう。山積する諸課題をそのままにした、政府の開発一本槍の方向性に強い疑問を感じます。

ゲノム情報を交配育種に利用

問題の多い遺伝子組み換えによらずとも、多様な品種の中から求める特徴を持った稲を選び出し、品種交配により優れたものを作り出すことができます。日本の交配育種技術は世界に誇る高い水準にあり、これを生かすべきではないでしょうか。

先に述べたイネゲノム解析の成果を使って、交配育種による品種改良に貢献しているのがＤＮＡマーカーです。ＤＮＡマーカーは、特定の有用遺伝子が存在していることを示す目印となる塩基配列のことです。その目印を利用して、有用形質の安定した選抜が効率的かつ計画的にできるようになりました。交配で得られた苗を調べて、目的のＤＮＡマーカーが確認できた苗を選抜すればよく、育種スピードが格段に加速化できるようになりました。稲のＤＮＡマーカー育種においては、日本は世界でもっとも進んでいます。日本で開発されたＤＮＡマーカーには、いもち病耐性、穂ばらみ期耐冷性、低温発芽性など多数あり、これまでに開発された品種としては、早生性の関東ＩＬ一号、縞葉枯病抵抗性及び穂いもち抵抗性のコシヒカリ愛知ＳＢＬなどがあります。このように、問題のある遺伝子組み換えではなく、従来の交配育種にゲノム情報を活用していけばよいと思います。

気候変動対応遺伝子の特許ラッシュ

現在特許ラッシュになっているのが、気候変動対応遺伝子です。ＥＴＣによれば、干ばつ、高温、寒冷、洪水、塩性土壌などの環境ストレスに耐性を持つ遺伝子組み換え作物を商品化するために、種子とアグロケミカルの企業は何百もの植物遺伝子の特許を溜め込んでいます。ＢＡＳＦ社、モンサント社、バイエル社、シンジェンタ社、デュポン社とそのパートナーたちは気象変動耐性といわれる五三二（合計五五のパテントファミリー[*9]）の特許を世界中に申請。米国、ＥＵのみならず、食料生産国のアルゼンチン、オーストラリア、ブラジル、カナダ、中国、メキシコ、南アフリカにおいても特許申請ラッシュです。

世界一の種会社モンサント社と、世界一のケミカル会社ＢＡＳＦ社は、気象変動ストレス耐性を植物にもたらす遺伝子組み換え技術の一五億ドルに上る巨大提携を進めています。この二つの企業の特許を合わせると、五五のパテントファミリーのうち、ほぼ半分の二七のパテントファミリーを占めることになります。

アグロバイオ企業が手を結び、重要な遺伝子資源の植物を特許で囲い込み、独占しようというわけです。気象変動が肌身に感じられつつある現在、GM作物普及のチャンスとし巻き返しをはかる、そして生産拡大で危惧されるGM遺伝子汚染を防ぐためとして、自殺種子技術を解禁させるというもくろみのようです。気象大変動は地球規模の、全人類にかかわる危機です。気象変動対応の遺伝子情報は公開し、各国の自由な利用に任せるべきです。そしてそれぞれの国において、その国の在来種と掛け合わせることで、風土に合った耐性品種を作り出していけるよう、国際社会は協力し合わねばなりません。

いずれにしても、どれだけ多様な遺伝子資源が残されているかが鍵です。自殺種子技術はいうに及ばず、遺伝子組み換え作物で自然界の遺伝子資源を汚染してはならないのです。

遺伝子組み換え動物工場と体細胞クローン技術

農林水産省は、これまでにカイコゲノムの塩基配列を解読し、蚕と豚の遺伝子組み換え技術を確立しました。そこで今度は、国際コンソーシアムへの参画によるブタ全ゲノムの解読にかかるとし、遺伝子組み換え技術による医療研究用モデル豚や、遺伝子組み換え蚕による有用物質生産技術を、二〇一一年度までに開発するとの目標を掲げています。

遺伝子組み換え動物は、臓器移植用や創薬用を目的にして開発されています。たとえば豚は臓器が人間に近いため、人の遺伝子を導入した組み換え豚の臓器の、人への移植が検討されています。また蚕の体内に、あるいは山羊・牛などのミルクに、薬など有用物質を生産させる動物工場が想定されています。動物工場のためには数が必要です。しかし成功率が低い組み換え技術で一個体ずつ作出していては膨大なコストがかかります。そこで体細胞クローン技術を使って、一頭の組み換え動物から採った体細胞による、同じ遺伝子を持つ個体をいっぺんに多数複製すれば、動物工場ができるというわけです。そのために体細胞クローン技術の開発をしているのです。

核を除いた卵子に、複製したい動物の体細胞を核移植して初期化すると、受精卵のような細胞ができます。これを代理母の子宮に入れて、育て、出産させる――これが体細胞クローンです。体細胞クローンは、体細胞を提供した動物とほぼ同じ遺伝形質を持ちます。

ＦＤＡ（米国食品医薬品局）は、二〇〇八年一月一五日、体細胞クローン家畜及びその子孫から生産される畜産物の安全性は通常の畜産物と変わらないとする、最終リスクアセスメント報告を公表しました。これまで生命倫理や宗教の立場から反対論が強く、流通は認められていなかったのですが、ついにゴーサインを出し、しかも表示義務を課すことはないとしています。

米国政府は、〇八年一月中旬に、いち早く、日本政府に対して体細胞クローン牛の食肉や加工製品の輸入の検討を非公式に打診してきています。日本政府はこれを受けて、慎重だった体細胞クローン家畜について、同じく安全とする研究結果を発表したうえ、内閣府食品安全委員会に安全性評価を諮問。そして〇九年一月、食品安全委員会の専門家ワーキンググループは、成長した体細胞クローン牛と豚について、「従来の牛と豚に比べて、差異はない」として安全性を認める報告書をまとめました。

日本では体細胞クローン牛はすでに五五七頭が生まれています。このうち生存は〇七年一二月二二日で八二頭と数が少なく、商業生産という状況にはありません。また、〇八年一二月二四日の北海道新聞によれば、日本最大の体細胞クローン牛生産拠点である独立行政法人家畜改良センターの十勝牧場は、〇八年度限りで体細胞クローン牛の生産から撤退するとのことです。撤退理由としては、成功率の低さ、不採算、消費者の無理解があげられています。にもかかわらず食用流通を認める前述の報告書は、輸出して処理したい米国の要請に応えた輸入解禁のためのものといえます。

食品安全委員会の安全評価の発表に合わせるかのように、死後一三年間凍結されていた飛騨牛の名牛「安福号（やすふく）」の精巣細胞から、クローンで牛が誕生していたとのニュースが報じられました。これは、体細胞クローン牛は、優れた肉質の牛を大量複製でき、消費者においしい霜降り肉を安く提供できるという幻想を抱かせるイメージ戦略ではなかったかと思います。なぜ幻想かというと、クローン肉は商業ベースには到底なり得ない、あまりにもコストがかかりすぎるものだからです。作出までの生産コストだけで一頭約四〇〇万円もかかるのです。それに加えて通常の飼育費用がかかります。大量に安く食べられるようになるはずはないからです。

安全性に問題があるクローン牛

体細胞クローンは、自然界では存在し得ない、有性生殖を経ずに、人工的に生み出された実験動物であり、死産、生後直死、異常個体、過大子、出生異常、虚弱、免疫不全などの異常な高さなど、未解明の部分を大きく抱えた研究途上の技術です。その安全性については、全体的観察と長期的試験が必要で、長い時間をかけなければわからないものです。生涯飼い続け、次世代を含めた長期の観察・試験が必要です。

以前クローン研究者と対談したことがあります。そのおり、実験動物であるのに食用に売却するのは納得できないと言ったところ、牛は（ネズミと違って）経済動物だからとの返答に、そういうことなのかと本音を知り、驚かされました。研究目的である体細胞クローン牛の出産に成功すれば、あとは出荷して処理したいということなのです。飼育し続けるにはコストがかかり、売ればお金になるからです。米国の思惑はまさにここにあり、経済合理的に処理したい、つまり、国内的には流通業者が自粛しているおりから、輸出して日本人にも食べてもらおうということなのです（表示もなしにして）。

なお欧州議会は、二〇〇八年九月、体細胞クローン動物の食用および輸入禁止を、賛成六二二、反対三二の圧倒的多数で採択しています。

最初のハーヴァードマウスに対してぶつけられた、反倫理性、人の遺伝子操作にまで進みかねない危惧、動物虐待、生態系への脅威等の懸念は、今日の遺伝子組み換え動物やクローン動物の開発に至るまで顧みられることはありませんでした。しかし、バイオ・製薬企業のもくろむ動物工場は思惑どおりにはいかないのではないかと感じます。体細胞クローンも遺伝子組み換え動物も成功率があまりにも低く、したがってコストが高くつきすぎ商業化できるのか疑問に思います。科学技術はけっして万能ではないのです。人間が思ったようには生命操作はうまくはいかないのではないでしょうか。

第五章

日本の農業に何が起きているか

破綻しつつある近代化農業

日本農業の近代化は発展ではなく衰退

日本の戦後の高度成長期に列島改造型の工業化が行われ、農業から工業に、農村から都市へと農家の基幹労働力が流出していきました。そうした中で農業の近代化を目指す農政の誘導のもと、農薬、化学肥料、農業機械の導入が普及徹底していきました。

有機農業の提唱者一楽照雄[*10]は、近代化農政による日本農業の変貌を「日本農業転換への道」（一九七五年五月）で以下のように述べています。

数十羽の鶏、豚や山羊、牛をたいていの農家が飼っていたしきたりが姿を消し、出現したのが少数の農家による多頭羽飼育である。都市の周辺に栄えていた野菜の露地栽培ははなはだしく衰退して、主産地形成などの掛け声によるハウス栽培が野菜生産の主流になった。……複合経営または多角経営といわれるものが蔑視されて、専作あるいは単作化が急速に進められた。また、作物、家畜ともに在来品種が淘汰されて、外来種が盛んに導入されたりした。……商業資本が生産者と消費者の間を遮断して、生産者にとってはだれが消費してくれているのか、消費者にとってはだれが生産してくれているのか、まったくわからないままの関係が続いた。そのようなわけで生産者はただ単に一円でも高く売ることを念じ、消費者はただ一円でも安く買うことのみを考えるという、ともに勝手な願望を持ち続けてきたが、現実は両者の願いとは逆に中間経費をますます増大させている。遠隔地への輸送が増加し、荷ぞろえや包装、および輸送経費負担はますます比重を高めてきた。……しかし、このように達成された農業の近代化とは、いったいだれのために、いかなるメリットまたはデメリットをもたらしたであろうか。……近代化によって発展したのは、農業に資材を供給したり、農業から原料を受ける工業と商業であったことが明瞭である。

また、農薬、肥料、機械、温室資材など外部資材の購入代金の支払いのために出稼ぎや兼業をせざるを得ない農家の現状は、「農民が農業という本来の職場で失業したことを物語るものである。それは農業の発展ではなくて、衰退にほかならない」と看破しています。

輸入資材に依存する近代化農業

かつての農業は地域と近在の物資だけでほとんど完結し得た自給型農業でした。しかし近代化農業では、農薬、化学肥料、飼料、機械、燃料、種子など、必要な資材すべてを外部から購入しなければなりません。外部資材依存という側面が近代化農業の特徴です。それまでの自給型農業から農業関連産業に依存する農業への構造転換には既視感があり、それは緑の革命と同じと思い至ります。

一楽照雄は「外部からの大量の工業製品を購入しなければ生産ができないような農業では、その経営の安定性が失われるということである。販売する物の価格を自身で決めることができないのに、購入しなければならない資材の価格は相手方によって決められる」と指摘しています。

近代化農業の典型が養鶏です。今日の養鶏業は、米国、ヨーロッパ、中国、東南アジア、日本、押しなべて同じで、どこも何十万羽という単位の大規模ケージ飼いです（第二章参照）。

日本の場合、鶏卵の自給率は九五％、鶏肉は六九％ですが、飼料はほとんど米国からの輸入であるため、これを勘案すると鶏卵が九％、鶏肉が六％に落ちます。しかも種鶏（採卵鶏の親）も、その九三％が輸入されています。

商業用の養鶏はその大部分が、白色レグホン種、ロードアイランドレッド種、コーニッシュ種という、わずか三種の品種に依存しています。繁殖用鶏の数が少数に抑えられており、近親交配の繰り返しによって、米国では一時間当たり一〇〇万羽、一年当たり七五〇億個の卵を生産可能な、二六〇億ドル規模の産業を実現してきました。しかし、短期間で大きく成長するよう、また効率よく採卵できるよう改良された種に偏重した結果、野生種にあった遺伝子の多様性のほぼ半分を失ったといわれています。失われた多くの遺伝子の中には、病気への耐性に関係するものもあったでしょう。

現在、米国では致死率の高い新たな鶏白血病ウイルスが急速に広がり、すでに複数の養鶏企業が廃業に追い込まれています。日本にも種鶏の輸入から広がる懸念があります。鳥インフルエンザも世界各地で大混乱を引き起こしています（第二章参照）。こうした出来事は反自然の工業的生産に対する自然の逆襲のように思えます。

近代養鶏は、レンダリングという究極のリサイクルシステムを生み出した工業化農業の最たるもので、これ以上の効率化はできないと思われるほどですが、さらに、イスラエルでは、遺伝子組み換え技術を駆使して、羽のない肉用鶏を作出したそうです。羽をむしる工程が省けるわけですが、肌むき出しの鶏の写真を見たとき、慄然としました。倫理の歯止めを持たないまま、科学技術の商業的利用が進んでいく現状に懸念を覚えざるを得ません。

食品加工産業と巨大なフードマイレージ

食料の広域流通によって生産者と消費者が分断されていきました。中でも加工食品の普及はそれを一層進めました。消費者が加工食品を手にして、原料の作り手の農家の存在をイメージすることなどほとんどないでしょう。

加工食品価格に占める原料費の割合は一〇%前後といわれています。一缶一〇〇円のミカンジュースなら、原料のミカン代としてわずか一〇円が農家の手取りです。加工、流通、広告といったさまざまな中間経費が食品産業の手に渡ります。消費者はミカンジュースを求めているのに、ミカン以外の経費のほうにほとんどのお金を支払っているわけです。また、加工食品産業はより安い原料を海外に求め、国内の生産者は海外との競争を強いられるようになりました。

石油、電気、土地、輸送費、人件費どれもが高い日本、さらに為替も関わり農家の努力ではどうにもならない中、産地は疲弊していきました。たとえば、ミカンでは、一九九一年よりオレンジ、九二年よりオレンジジュースの輸入が自由化され、果実・果汁の輸入が急増しました。一人当たりのミカンの消費量はピーク時の四分の一に減少し、また安いオレンジジュースの輸入で、ジュース用の規格外ミカンも売れず、多くのミカン農家は廃園に追い込まれていきました。

ピーク時の七三年には一七・三万ヘクタールあったミカン栽培面積は、二〇〇七年には五・二万ヘクタールまで減り、生産量も一九七八年には三六七万トンあったのが、二〇〇七年にはピーク時の三割程度（一〇〇万トン）に落ち込んでいます。列車の窓から、打ち捨てられ荒れたミカン山を目にするにつけ、日本のミカンを食べずに、カリフォルニアのオレンジを食べる日本人に悲しみを覚えます。

現在、加工食品・冷凍食品・外食食材の原料はほとんどが輸入です。そのため、日本は世界一巨大なフードマイレージ[*11]の国となっています。農林水産省の〇一年の試算によると、総量で九〇〇二億八〇〇〇万トン・キロメートル、世界中で群を抜いて大きく、国民一人当たりでも一位となっています。世界中からかき集めたさまざまな原料が、多数の中間業者を経て流通し、トレーサビリティ[*12]も困難、監視も行き届かない状態になっています。これは昨今の数々の食品汚染事件の大きな背景です。WTO（世界貿易機関）の推進するグローバリズムと、加工食品産業の隆盛がもたらす食べ物の質との関連、考えさせられる問題です。

食品添加物の増大

加工食品の増大は、食品添加物の多用・増大と軌を一にします。戦後にはじまった食品添加物の使用は一貫してうなぎのぼりに増大し、現在、日本では一人当たり年間約二四キログラム（二〇〇一年の食品添加物需要量約三一一万トンから計算）も使用されているのです。添加物の指定数も増え続け、約一五〇〇品目（化学合成の指定添加物は約四〇〇品目）もあります。

防腐剤、酸化防止剤、発色剤、合成香料、甘味料、化学調味料など何種類もの添加物を同時に口にするわけですが、安全性は単品のみの試験でしか調べられていません。体内に入っての複合毒性、相乗毒性などが問題なのです。英国で行われた合成着色料と保存料（安息香酸ナトリウム）の相加毒性実験では、子どもの多動性を引き起こすと指摘されています。

また、口から入ったものは体内の消化酵素が分解しますが、化学物質は酵素の働きでは処理できないため、免疫により抗体を作ったり（アレルギーの原因）、リンパ球を動員して外へ排泄したりします。排泄のとき、一緒にミネラルを消費しますから、添加物の多い食品を食べているとミネラル不足でイライラし、キレてしまうこともあるのです。

たとえばリン酸塩は、加工助剤ということで表示されないのですが、練り製品や麺の歯ごたえを良くしたり、ハム・ウインナー類の結着剤、野菜加工品の変色防止、ペットボトル飲料のにごり防止など、非常に多種類の加工食品に添加されています。リン酸塩は亜鉛の働きを阻害します。亜鉛は細胞の新生に関係しており、その不足は、味覚障害、皮膚炎、子どもでは発育の遅れ、胎児への影響、さらに、イライラにも関係しています。イライラの原因にカルシウム不足がよくいわれますが、カルシウムを体内の必要なところに運ぶのが亜鉛なのです。添加物を避けた食べ物で子育てしたいものです。

安く仕入れられた原料の劣った品質はさまざまな添加物でカバーされ、また、長距離輸送と長期の保存に耐えるようこれまた添加物が使われます。加工食品の席巻は、添加物の異常な多用と、素性もよくわからないような原料のブラックボックス化を、食べ物にもたらしたのです。

日本の農薬使用量は世界一

近代化農業がもたらした弊害の最たるものが農薬です。第二次世界大戦で開発された化学兵器・神経ガスの技術転用で農薬が製造されるようになりました。日本では、戦後の食糧増産のために農薬の使用がはじまり、その量は増え続けました。

一九七四年、有吉佐和子は『複合汚染』を朝日新聞に連載し、農薬多用の深刻な影響を描きました。また、これより一〇年ほど早い六二年に、米国のレイチェル・カーソンが『沈黙の春』を発表し、DDTなど農薬の蓄積が環境悪化を招くことを告発しています。この本の反響を受けて、ケネディ大統領はDDTの使用を全面的に禁止しました。そして、米国政府が推進していた「化学薬品による有害生物絶滅計画」は中止になったのでした。当時の日本の農薬使用を問うた、七三年の峯山昭範参議院議員の質問主意書を引用します。

わが国で使用されている農薬は、有効成分の種類にすると三百以上、登録銘柄数は五千種類以上にものぼり、その単位面積当りの使用量は、アメリカの七倍、ヨーロッパの六倍にも達する。日本における農薬使用量は、水田一ヘクタール当り七三〇グラムであり、これはオランダ九グラム、イギリス及びドイツ六グラムに比し約百倍にも達している。このような各種農薬の複合汚染と、長い年月にわたる農薬の散布がいかに土壌等並びに海洋の汚染を進行させているかはかりしれぬものがある。

二〇〇二年のOECD（経済協力開発機構）資料によれば、農耕地における単位面積当たりの農薬使用量は、二七カ国中日本がダントツの一番で、一・五トン／平方キロメートルです（OECD平均は〇・二五トン）。一ヘクタールにして一五キログラムであり、約三〇年の間に二〇倍になっています。農耕地以外にもゴルフ場、松林、公園や街路樹、河川敷など非農耕地でも農薬を使用しています。他国との比較において、気候や発生する病害虫の状況、農耕形態の違い、使用する農薬の強さ、残留性の違いなどを考慮に入れる必要はありますが、それにしても一貫して世界一の単位面積当たり使用量は、環境負荷の大きさを否定できません。田んぼや川から多くの生物が姿を消したのは農薬のせいです。

農薬散布を強いる「防除暦」と「米の品位検査」

農薬散布量の多さは、水田稲作における除草剤の多使用にもよっていますが、防除暦による過剰散布も無視できません。防除暦とは、いわば病害虫防除の「薬剤散布暦」です。農家の多くは農協が作る作物別の防除暦に従って散布をします。防除暦は毎年末、各地方の主要産地ごとに、次年度の病害虫の発生予想をもとにして新たに作成されます。それに基づき各農家では、翌年の農薬や防除機具の調達を前もって行うのです。作成者は病害虫の被害が出た場合の責任逃れをするため、どうしても予防的な過度の農薬使用を防除暦に組み込みがちとなります。

ヘリコプターによる空中散布の場合は、病害虫の発生いかんにかかわらず、ヘリ手配の都合で半年前から散布スケジュールが組まれてしまうのです。病害虫発生のあるなしにかかわらず、予防的に多めの農薬が地域ぐるみで散布されてきたのです。ことに日本の場合、米国の大規模農場とは違って、目的の農地のそばには住宅、通学路、養鶏場、養蜂現場、溜め池、河川、有機圃場などが混在してあるわけですから、そこに空から農薬を撒くことは暴力的行為といえるでしょう。人や環境に深刻な被害を与えています。

また、農薬散布を強いるもう一つの元凶が、「米の品位検査」です。二〇〇八年、輸入の汚染米が食用に回った事件で、私たちは農林水産省追及緊急集会を開きました。その中で知って驚いたのが、国産米の価格差を作り出す斑点米の規格です。斑点米とは、カメムシによる吸汁痕が残った米のことです。斑点米が一〇〇〇粒に一粒だと一等米、二粒だと二等米になり、価格が六〇キログラムで約一〇〇〇円も違うのです。そのため農家は、斑点米の原因であるカメムシ防除に多量の農薬を散布するのです。水田使用農薬（殺虫剤）で一番多量に散布されているのが、このカメムシ防除用なのです。

検査のあと、業者は色彩選別機にかけて斑点米をはじいて出荷しますし、斑点のある玄米も精米すると痕は残りません。もちろん食べてもなんの害もないのです。消費者に販売される米の段階ではまったく関係のない斑点米のために、不必要な農薬が多量に使われているのです。カメムシ防除には主にネオニコチノイド系農薬が使用され、米どころでは、この影響と見られるミツバチの激減が報告されています。なお、輸入米の品位検査では、斑点米（着色粒）基準は日本の十倍緩い一〇〇粒に一粒で、ダブルスタンダードなのです。米流通業者の利益のためだけとしか思えない、このような米の品位検査を見直すよう、私たちは現在、農林水産省と折衝しています。

減農薬は生態系の観察から

田に使用されてきた農薬のせいで、昆虫が消え、鳥が消え、プランクトンや餌になる藻類の繁殖も阻害されて魚も消えていきました。水田の農薬は飲み水の汚染にもつながっています。農薬は農産物、土、水、大気を通し、生物濃縮を繰り返して、狭い国土に生きる人々や環境を汚染しました。地球全体が、日常的に、緩慢とした殺傷害行為を受けてきたといえます。中でもまっさきに健康被害を受けてきたのは農家なのです。

農薬業界、そこへ天下る農水官僚、空中散布の航空会社、農薬販売の農協——これらの利益のために世界一の散布が続いているのをなんとかしなければなりません。

農薬散布を必要最低限で最大効果をあげるため考案されたものが「虫見板」です。田んぼにいる虫など生き物を見るための板（プラスチック製の下敷きのようなもの）で、一九七八年に福岡県の農家が考案し、その後、当時普及員だった宇根豊氏を中心に全国的に広まりました。田んぼに入り、稲の株元に「虫見板」を添え、葉を軽く揺すってそこに落ちてきた虫をのぞき込みます。ウンカなどの「害虫」、それを食べる「天敵」、そして悪さをしない「ただの虫」など、どんな虫がいるのかがわかります。実際の観察に即せば、むやみに農薬を散布することもなくなります。なによりも地域の農家が、田んぼの生き物に目を向けるようになり、その生態系に気づくことがとても大切なことなのです。

破綻に直面する近代化農業

燃料価格の世界的上昇は農業経営を直撃しています。トラクターやコンバイン、田植え機など機械を動かさなければできない農作業、加温が必要な温室栽培などコストがもろにのしかかります。

また時期を同じくして肥料価格も急騰しています。日本の近代化農業に不可欠な化学肥料の三大要素が、リン、窒素、カリですが、そのうちリン鉱石の全量を日本は輸入に頼っており、その多くを中国に依存しています。二〇〇八年四月、中国は化学肥料の輸出関税を一〇〇%と大幅に引き上げ、リン鉱石の関税も一〇〇%に引き上げ実質的禁輸措置をとったのです。化学肥料の国際売買を支配する一握りの多国籍企業は、逼迫を理由に一気に値上げをしてきました。

また穀物価格高騰による飼料価格の上昇は、酪農家をはじめとして畜産農家の倒産を招いています。購入資材がどれもこれも同時的に一気に値上がりし、輸入すら途絶える可能性もあるという情勢に直面し、外部資材依存の農業の脆さを露呈しました。この事態は、近代化農業による食糧生産の崩壊を予測させるものです。

米国産に駆逐された大豆

大豆は、味噌、納豆、醤油、豆腐、きな粉、おから、湯葉などさまざまな加工品として日本の食生活になくてはならないものです。大豆は「大いなる豆」と命名されただけあって、植物性食物の中では際立って栄養価に富み、米と大豆があれば完全栄養が摂れるともいわれるのです。

日本の大豆品種は約千種を超えるほどあって、煮豆、納豆、豆腐、味噌、枝豆、菓子、豆乳などそれぞれの用途に適した品種が育成されてきました。たとえば、タンパク質含量が高い品種は豆腐製造の際の歩留りが高くなりますし、粒が大きく、炭水化物が多い品種は煮豆用に好まれ、タンパク質と炭水化物に富み脂肪が少ない品種は味噌、納豆などの発酵食品に適します。

大豆は、かつては全国どこでも作られ、田んぼの畔にまで植えられていたものですが、その生産量はいまや風前の灯となっています。一九五五年に四一%あった大豆自給率は、九三〜九五年には二％にまで落ち込みました。二〇〇六年度は五％（製油用・食品用を合わせた数値）です。どうして大豆の自給率がこのように下がってしまったのでしょうか。

低下のきっかけは、一九六一年の大豆の輸入自由化（七二年以降無関税）です。本来、自由貿易とは、互いに生産が不利であるものを輸入し、有利に生産できるものを輸出するという互恵の精神に基づくものであるはずです。しかし、戦後復興を果たした日本に米国がまっさきに求めた農産物の自由化品目は、輸入拡大の必要のない大豆でした。しかし、工業製品輸出のために日本政府はこれを受け入れ、農業を犠牲にしたのです。そして米国大豆は巨額の補助金によって、生産費よりも安く輸出が行われ、国産大豆の三分の一以下の価格で流れ込んできました。日本の生産農家は一掃されてしまったのです。自由化という美しい言葉のもとに、不合理な要求がまかり通ってきたのがGATT（関税及び貿易に関する一般協定）であり、WTO（世界貿易機関）なのです。

また、米国産大豆は油分の多い黒目大豆が中心で、これは食用油の原料向けに適しています。日本人の食生活の洋風化が進み、植物油の消費量が大幅に伸び、安い油脂用大豆の輸入は増加を続けてきました。油を搾ったあとの脱脂大豆は、増大する肉食をまかなう家畜飼料に回ります。油と肉を多食する洋風化した食の変化が、輸入大豆依存の背景にあるともいえるのです。

なお、米国大豆のGM（遺伝子組み換え）割合は年々高くなり、〇七年は九一％になっています。日本の需要量の八〇％を米国産大豆に依存していますから、需要量の七二％がGM大豆と考えられます。

EUレベルに劣る遺伝子組み換え食品表示

二〇〇一年四月、遺伝子組み換え食品の表示が義務づけられました。醤油は多くは輸入大豆が原料ですが、表示対象外です。味噌は表示対象食品です。輸入の味噌用大豆は、これまでのところ、遺伝子組み換え大豆の混入を防ぐために、収穫から製造までコンテナによる分別流通管理が行われています。しかし組み換え大豆が混入してしまう可能性はゼロではありません。分別管理の証明書がある非組み換え表示の食品にも、五％までの混入は容認されているのです。米国政府から、分別しても不可抗力の混入が五％くらいあるとの指摘を受け、農林水産省が容認したからです。

一方EUは、〇・九％以上混入のあるものは遺伝子組み換え表示を義務づけています。五％も混入のあるものは、EU向けにはGM大豆と表示されます。日本政府の対応はなん

遺伝子組み換え食品表示義務対象品目（2006年11月改定）

加工食品	原材料となる農産物
（1）豆腐類及び油揚げ類	大豆
（2）凍豆腐、おから及びゆば	大豆
（3）納豆	大豆
（4）豆乳類	大豆
（5）味噌	大豆
（6）大豆煮豆	大豆
（7）大豆缶詰及び大豆瓶詰	大豆
（8）きな粉	大豆
（9）大豆いり豆	大豆
（10）（1）から（9）までに掲げるものを主な原材料とするもの	大豆
（11）大豆（調理用）を主な原材料とするもの	大豆
（12）大豆粉を主な原材料とするもの	大豆
（13）大豆タンパクを主な原材料とするもの	大豆
（14）枝豆を主な原材料とするもの	枝豆
（15）大豆もやしを主な原材料とするもの	大豆もやし
（16）コーンスナック菓子	トウモロコシ
（17）コーンスターチ	トウモロコシ
（18）ポップコーン	トウモロコシ
（19）冷凍トウモロコシ	トウモロコシ
（20）トウモロコシ缶詰及びとうもろこし瓶詰	トウモロコシ
（21）コーンフラワーを主な原材料とするもの	トウモロコシ
（22）コーングリッツを主な原材料とするもの（コーンフレークを除く）	トウモロコシ
（23）トウモロコシ（調理用）を主な原材料とするもの	トウモロコシ
（24）（16）から（20）までに掲げるものを主な原材料とするもの	トウモロコシ
（25）ポテトスナック菓子	ばれいしょ
（26）乾燥ばれいしょ	ばれいしょ
（27）冷凍ばれいしょ	ばれいしょ
（28）ばれいしょでんぷん	ばれいしょ
（29）（25）から（28）までに掲げるものを主な原材料とするもの	ばれいしょ
（30）ばれいしょ（調理用）を主な原材料とするもの	ばれいしょ
（31）アルファルファを主な原材料とするもの	アルファルファ
（32）てん菜（調理用）を主な原材料とするもの	てん菜

厚生労働省医薬食品局食品安全部基準審査課資料より

ともふがいないことです。少なくともEU並みの表示義務にするべきです。EUとは農産物の輸入依存度が違うゆえ、EUレベルの表示義務は非現実的と政府担当者や業者は言います。それこそ米国の思うつぼ、足元を見られているのです。表示を正しく行えば消費者の選択が国産に向かい、国産大豆の消費量が増えて生産面積も増え、価格が下がることにもなるのです。

日本型食生活は世界が注目する健康食です。その主役ともいえる大豆の生産を潰し、輸入大豆に依存するのはおかしなことです。また、ここにきて、穀物価格が世界的に急騰し大豆の国際価格（シカゴ相場）はこの一年で二倍以上に値上がりしました。国産との価格の差は縮まりつつあり、原油高騰による輸送コスト上昇とともに、国産の優位性が高まっているといえます。日本の大豆加工食品に適した国産大豆の生産を維持、復活させるには、政府は生産者支援と共にGM全面表示を実施すること、消費者は国産大豆一〇〇%の食品を選択することが必要でしょう。

関税引き下げが近づく米

WTO（世界貿易機関）やFTA（自由貿易協定）の進展いかんによって、米の関税引き下げが数年内に実現するかもしれません。すでに米国や中国などが、日本への米輸出をにらみ、味、品質とも国産米と遜色のない米を、日本の三分の一から一〇分の一の価格で輸出できる体制ができつつあります。

二〇〇七年四月からはじまった農政の新たな政策（品目横断的経営安定対策）では、すべての農家を対象にした個々の作物ごとの支援をやめ、一定の規模以上の認定農家（または集落営農組織）にのみ補助金などの支援を限定することになりました。

輸入農産物に対抗し得る生産コストにするために規模拡大をはかるとの方針ですが、米の値段は現在、日本で一キログラム五〇〇円の品質のものが、米国産は三〇〇円、中国産は六〇円くらいです。どこまで大規模化すればこれらと対抗できるようになるというのでしょうか。たとえば、一農家当たりの農地面積がオーストラリアは日本の一八〇〇倍、米国は一五〇倍です。賃金は、中国やタイなどは日本の一〇分の一以下です。実現可能な数字を示すこともなく、ただ四ヘクタール以上の農家だけ支援するという政策の目的は、農家の六五％を占めるそれ以下の中小農家を切り捨てることにあるのではないでしょうか。

やっとの思いで集落営農にこぎつけたところも、大型機械の購入費、圃場整備費などの経費をまかなわなければならず、米価の低落によって借金のみが残るという悲惨さです。

米消費は減り続け、ミニマムアクセス米は増えるという状況に加え、在庫の積み増しを嫌って備蓄米を安く放出する政府無策の米余りで、価格低下に拍車がかかりました。

大規模企業型農場が支配する米国

農林水産省のシナリオは、米国のように大規模化でコストダウンできる、経営規模の大きい専業農家だけを農業の担い手として認定、支援しようというもの。あとの中小兼業農家の農地は、担い手農家にまとめるつもりです。それに止まらず、すでに株式会社の参入を認めていますが、農地の集積を進めるために企業への優良農地の貸し出しを認め、それも企業が安定して農業経営をできるように、農地を長期（農地法改正案では五〇年）にわたって借りられる定期借地権制度も導入するとしています。企業の参入も認めた借地農地による大規模経営とは、米国農業の丸写しでしかありません。しかし、それは手本とすべき農業ではありません。

米国の農場数は一九三五年の六八〇万戸をピークとして年々減少を続け、二〇〇六年においては二〇九万戸とピーク時から七〇％も減少しています。とくに小規模な家族農家が減少し、その分規模の拡大が進みました。そしていまや米国の農地面積の約半分、また販売額の半分を占めるようになったのが、部分借地あるいは全農地借地で単一作物生産する大規模農場なのです。大規模農場には、経営陣を有する企業型家族農場と企業経営農場があります。そこでは農場労働者が農作業を行い、農場主である経営者は、オフィスでシカゴの穀物相場をにらみ売り時を探ることや、政府補助金の調達などを主な仕事としています。地域コミュニティに根ざした小規模な家族農家は激減してしまいました。

遺伝子組み換え反対の国際草の根会議に参加したおり、米国中西部の穀倉地帯を小型バスで走り抜けたのですが、いくつものゴーストタウンを目にしました。廃屋となった農家の井戸水汲み上げ用風車が高い支柱の上でカラカラと回っていて、地域社会崩壊のうそ寒い風景とともに、その音が私の記憶の底に留まっています。草の根集会の主催者の一つ、家族農業者団体の代表が言ったことば、「私たちは米国の絶滅危惧種なんだ」が思い出されます。なお『食の未来』[*13]によると、サウスダコタ州、ネブラスカ州など一〇州が州法改正により家族所有以外の農業を禁止したそうです。行き過ぎた振り子のゆりもどしが起きているのです。

家族農家は帰属する地域に愛着を持ち、永続的利用のために協働して環境を守ろうとします。また得た収入は地域で使うので、お金は地域で回ります。一方借地による大規模企業型農場の場合は、地域コミュニティに責任を持たず、収益第一主義のため、資源収奪的であり、地力が落ちれば他の地へ移るだけです。収益は地域には回らず、新たな投資先に振り向けられます。打ち捨てられた地域は、人口が減り、学校が消え、ゴーストタウンとなっていくのです。

大規模近代化農業には未来はない

米国の大規模企業型農場にとっては、なによりも収量増加が最優先であり、そのため大量に水を使う大規模モノカルチャーを行ってきました。しかし、いまや農業生産に使用できる水資源は減少し、地力は痩せ、遺伝子組み換え作物に対する国際的な逆風にも直面するようになって、米国型近代農業はもはや永続不可能な農業となりつつあります。

そもそも農業には、工業のような大量生産、規格化、効率化はなじみません。工業製品とは違う、自然の理(ことわり)が中心にある生命産業です。大規模モノカルチャーは、気象変動が激しくなった昨今、その影響をもろに受けています。

二〇〇六年から〇八年にかけての、米国、オーストラリア、中国、アルゼンチンの大干ばつについては第一章で触れましたが、広い国土を有する、価格優位の農業大国に穀物生産を委ねよというＷＴＯのルールには、危うさを覚えずにはいられません。

もし、米の関税が引き下げられ、米が安く輸入されるようになれば、まず専業米農家から潰れていくでしょう。そして輸入米が当たり前になったあと、輸出国の輸出が止まることを想像してみてください。恐ろしい光景ですが、その可能性は高いのです。

自給国家をこそ、日本は目指すべきでしょう。幸いにも主食の米は自給を保っています。灌漑水によらずとも、日本は豊かな降雨量に恵まれ、列島の背骨をなす山々を無数の河川水が下っています。先祖が営々と築いてくれた田んぼは日本の貴重な資源であり、これを徹底して守るべきです。輸入米の流入を許せば、日本の国土から水田風景が失われてしまうことは必至です。また南北に長く、山川が入り組み高低差がある日本は、大規模単一生産には不利、不向きですが、多品目生産ができる条件に恵まれているといえます。

多品目生産のメリットは、気象変動に強く、作物ごとの出来不出来の影響が少なく、また価格暴落などのリスク分散ができます。農地集積のネックといわれる日本の田畑の分散も、水害などのリスク分散を考えた祖先の知恵でした。平坦で広大な農地を有する大陸型の輸出国農業のものまね、あと追いではなく、自国の風土に合った農業をこそ、食料生産基盤として維持・保護するべきではないでしょうか。

WTOとミニマムアクセス

日本の稲作を取り巻く環境の厳しさについては、増え続けるミニマムアクセス（MA）輸入米の存在をまず指摘しなければならないでしょう。MA米はGATTウルグアイラウンドの協議を引き継いだWTO協定に基づくものです。

GATT（関税及び貿易に関する一般協定）は、一九三〇年代の世界的な不況対策のためとして、四四年に米国のブレトンウッズで開催された会議に基づき、四八年からはじまった、貿易面から国際経済を支える通商交渉のことです。GATTの基本原則は、貿易制限を削減した、貿易の無差別待遇による自由貿易の推進です。まず、輸入禁止や数量制限措置を原則禁止とし、関税に置き換え、この関税を各国間の交渉で引き下げていくことで、輸出入しやすい環境を整えていきました。

GATTにおける八回目の多角的交渉がウルグアイラウンド（八六～九四年）です。交渉のはじまった八六年前後、米国は穀物余剰に苦しみ、輸出市場を求めていました。第二次世界大戦の戦後復興において、無傷の米国は、戦争で農業が疲弊したヨーロッパはじめ日本や旧ソ連などへ穀物援助をはじめ、以来世界の穀物輸出を一手に担ってきました。

しかし七〇年代に、凶作を理由に大豆の輸出禁止を実施し、またアフガニスタンに侵攻した旧ソ連に対し、穀物輸出禁止を発令したのです。

一方ヨーロッパ諸国は、米国政府が穀物輸出禁止令をたびたび出すのを見て、食糧を戦略物資とする米国（七四年の「米国ＣＩＡレポート」には、「食糧は米国にとって最終兵器である」と書かれている）に隷属しないよう、自給率を高める努力をしました。そして輸出側へ転換して、米国と市場競争するようになりました。

それまでＧＡＴＴは、国民の生命や国土環境の面から、農業分野を自由貿易の例外として保護を認めていたのですが、こうした当時の状況を背景に、ウルグアイラウンドでは、市場を開かせるために農産物の自由化が焦点になりました。将来的にすべての農産物を関税化することと、最低輸入機会（ＭＡ＝ミニマムアクセス）を決定したものの、交渉が難航し、完全な自由化には至りませんでした。それで通商交渉にすぎないＧＡＴＴを発展解消し、九五年、ＷＴＯ（世界貿易機関）という強制力のある国際機関が設立されることになったのです。

ミニマムアクセス米は日本の農業を潰す

このWTOの農業協定に基づき、一九九五年、日本は米がMA対象となりました。過去（八六～八八年）において輸入実績が国内消費の三％以下の品目（日本の場合は米）は、決められた数量まで一次関税（低い関税）の適用を行って輸入し、その数量を毎年〇・八％ずつ増加させるというものです。

日本は、さらなるミニマムアクセスの拡大か関税化かの選択を迫られた九九年、米の輸入数量制限を撤廃し関税化に切り替えました。それでこの年から、毎年のアクセス数量の増加率は〇・四％に半減しました。二〇〇〇年から現在のドーハラウンドが決着するまでの間は七・二％（七六・七玄米万トン）となっています。約七七万トンという量は国内消費量の約一〇％にも当たります。米を余らせて米価を下げないようにするためと農家に説明し、国内水田の約四割も減反させながら、一方で輸入米を受け入れるというのでは筋が通りません。

これまで政府与党と農林水産省は、MA米を「最低輸入義務」であるかのように国民に説明してきました。しかしミニマムアクセスとは「輸入機会」の保証であり、一定の量まで低率関税で輸入機会を与えるというものです。日本は、米の消費量（基準年八六〜八八年）の七・二％という枠いっぱい輸入していますが、米国の鶏肉輸入量は消費量の〇・〇三％、ＥＵの豚肉輸入量は同〇・四％という具合で、枠の未消化が普通なのです（二〇〇〇年度）。

政府は、ＭＡ米は加工・援助・備蓄用にするので、国内の主食用の米価に影響を与えることはないと説明してきました。しかし、加工用は国内のくず米と競合します。また七七万トンのうち、ＳＢＳ（売買同時入札）という枠で主食用の精米が一〇万トンも輸入されており、主に外食産業に販売されてきました。こうしたことが国内米価を引き下げた大きな要因であることは否定できません。実際ＭＡ米輸入がはじまってから国内米価は下がり続け、生産費をまかなえるかどうかのぎりぎりのところまできているのです。日本の米市場を虎視眈々と狙う米輸出国の思惑どおり、増え続けるＭＡ米は日本の稲作潰しに加担してきたといえます。

また、日本が買ったＭＡ米を援助用に輸出することは、米国政府の承諾がないとできないのです。〇八年五月、農林水産省の白須事務次官は記者会見において、「ＭＡ米は日本国内で消費されるべきであるというのが米国の見解である」としたうえで、世界最大の米輸入国フィリピンを支援するため、輸出に向けて実務者協議を開催すると述べました。フィリピンでは、穀物高騰により米を買えない人たちの不満が高まり、親米アロヨ政権の崩壊の危機となりました。そこで米国政府は、日本にMA米在庫の第三国への輸出を認める声明を出したのでした。これを受けての事務次官の発言だったのです。この報道に接し、驚きました。日本政府の背後から、米国政府はMA米を実質コントロールしているのです。

ハイチの飢えはWTOが元凶

心しておかねばならないのは、WTOは輸入国に輸入枠を拡大させる強制的ルールを課しながら、輸出国には輸出義務はなく、いざとなったら輸出規制はWTOへの事前通告だけでできることになっている事実です。

輸出補助金を温存するゆえ安く輸出できる米国の穀物には太刀打ちできず、自由化された国の農業はどこも壊滅的影響を受けています。国内の生産が失われたあと、価格高騰や輸出停止に見舞われれば、待っているのは飢えでしかありません。米国とFTAを結んだハイチやメキシコに起こった最近の混乱と飢えを、他山の石とすべきです。

ハイチは米の自給をしていたのに、米国とのFTAを結んだあと、米国から米が無関税で輸入された結果、米農家は一掃されてしまいました。そこへこのたび（二〇〇八年）の穀物高騰です。急騰した米を買えずに人々は飢えに直面する事態となったのです。市民が暴徒化し、デモ隊が警官隊や国連平和維持活動（PKO）部隊と衝突。〇八年四月、首相は解任され、政府崩壊の危機となりました。泥ビスケットを食べざるを得ない人々の報道に胸が痛くなります。

メキシコはトウモロコシの原産国といわれ自給していましたが、米国、メキシコ、カナダ三カ国の北米自由貿易協定（NAFTA）により、安い米国産トウモロコシが輸入され、国内消費の三〇%を占めるまでになりました。米国からの輸入GMトウモロコシにより、貴重な遺伝子資源である原種のトウモロコシが遺伝子汚染されたことが報告されています。またここ数年の価格の急騰により、トウモロコシで作る主食のトルティーヤを買えなくなったことから数万人規模の抗議デモが行われ、政情不安を招いています。

MA米農政が汚染米事件を生んだ

輸入のMA米で発生した汚染米が食用に転売されていた事件（二〇〇八年）は、これまでの食品汚染事件の中でも、国民全体に被害が及びかねない深刻なものです。MA米は食の安全をも脅かす存在になっていたのです。

汚染米は、三笠フーズ、浅井、太田産業、島田化学工業などから全国の数百もの米加工業者に不正転売され、焼酎、煎餅、和菓子、コンビニや老人施設の赤飯・おにぎり・粽(ちまき)などになり、学校給食の卵焼きにまで使われていました。

MA米は外国から長距離を運んでくるので、カビが生えたり、日本では認めていない農薬が残留したり、未認可の遺伝子組み換え米が混入したりと、国産米では起こり得ないさまざまなリスクをはらんでいます。国内の水田の半分近くを減反させながら、いりもしない、リスクのある米を大量に輸入し続けるMA米農政こそ、汚染米を国民に食べさせた元凶といえます。

地方農政事務所から出た汚染米は、キロ五円から九円ほどの価格で売り渡され、業者はそれをキロ四〇円ほどで食用に転売していました。農政事務所は業者がぼろ儲けできる可能性を知りながら、売れにくい汚染米を買ってくれる三笠フーズを重用し、また接待を受けるなど癒着して、まともな検査も行わずに、不正を見逃してきたのです。また農林水産省消費流通課は、転売の告発を二度も受けていながらおざなりの対応で済ませ、不正行為は継続されたのです。農林水産省は、本省から末端の農政事務所まで無責任な事なかれ主義がはびこり、食の安全を守る責任の自覚が欠如していたといえます。

一九九五年のMA米輸入開始から二〇〇七年度までに販売された汚染米の総量は、政府と商社の販売分を合わせて二万五六五七トンにもなります。しかし流通先が調査解明された汚染米は、〇三年からの政府販売分五二八五トンについてだけです。この理由について農林水産省は、五年分しか資料保存義務がないためそれ以前の七年分について調査は難しく、またすでに消費されているからと述べています。しかも調査し公表されたのは政府直売分だけで、その三倍以上の量の商社販売分については手つかずです。政府直売分においても、工業用仕向けが食用転売されたルートのみで、飼料用仕向けの転売については未調査のまま幕引きされました。

カビとアフラトキシンB1汚染

農林水産省資料によれば、二〇〇三年から〇八年八月までの汚染米発生一〇九件中、カビ汚染が八四件と大半を占めました。カビが検出されると工業用や飼料用に回されます。しかし、そもそもカビ汚染のあるものを飼料にしてよいのかと疑問を感じます。

近年、輸入飼料のカビ汚染が原因と思われる家畜のカビ毒中毒被害が多発しています。

カビ毒は畜産物に残留し、それを食する人間にも健康被害を及ぼします。カビ汚染に対する緩い基準や甘い検査は、最大の穀物輸出国・米国との摩擦を避けようとの思惑があるのでは、と疑いたくなります。

汚染米事件発覚の発端は違法農薬のメタミドホス残留米ですが、もっとも深刻なのはアフラトキシン汚染米が食用に流れたことです。アフラトキシンB1は、アスペルギルスフラバスというカビが産生するカビ毒です。史上最強の発ガン物質で、どんなに微量でも肝臓にガンを発生させ、絶対に口にしてはならないものです。アフラトキシンが作られる最適条件は、摂氏三〇度前後、湿度九五％以上で、日本では発生が報告されたことのないカビ毒です。日本に到着したあと、保管中にアフラトキシンが発生（九・五トンも！）したかのように農林水産省は説明していますが、低温倉庫（摂氏一五度）で保管中に発生するのかとの問いには答えられませんでした。

アフラトキシン汚染米の輸出国は米国、ヴェトナム、中国でした。厚生労働省による輸入食品のアフラトキシン汚染実態調査では、米国産の輸入トウモロコシが顕著に高い実態があります。アフラトキシン汚染は、農林水産省現地事務所による輸出前の検査と輸入荷役時の農林水産省の検査では見つからず、日本での倉庫保管中に見つかりました。汚染は輸出側の責任ではなく、国内で発生したかのようにしたかったのではと疑念を覚えます。

輸入MA米は、一九九八年から二〇〇七年の各年において、輸入総量の約五〇%を米国産が占めていて、汚染米検出件数も米国産が半分となっています。

農林水産省は早々に汚染米問題に幕引きをして、事件後輸入停止していたMA米を〇八年一一月七日から再開しようと入札を行いましたが、全量不落札となりました。事故品の米は国が買い入れないことになり、輸入業者が輸出国へ返送したり廃棄処分しなければならなくなったのです。リスクをすべて国が肩代わりをしていたからできた輸入で、そうでなければMA米は需要のないのが実態なのです。

また、新たに明るみに出たのが、政府が食用として売却した米もカビ毒アフラトキシンB_1に汚染されていたという事実です。

〇八年一二月、売却先の食品メーカーがカビの固まりを見つけ、それを農林水産省が分析したところ、基準値の四倍に当たる〇・〇四ppmのアフラトキシンB_1が検出されたのです。厚生労働省の輸入検疫でも確認されず、農林水産省の検査は容器の外側からの目視のみ。それで業者に売却されていました。

農林水産省はこの事件を受けて、すべてのMA米を売却前に容器から出して点検する新検査法を導入したのですが、〇九年一月末までの約二ヵ月間だけで、〇七年度の年間検出数四一件を上回る五七件のカビ汚染が発覚しました。それらのカビは、米国・タイ産の米からよく発見されるもので、検疫を素どおりして国内に持ち込まれたといいます。検疫の機能不全はいうに及ばず、カビの検査を半透明のみにくい容器の外から目視するだけというずさんなやり方を続けてきた農林水産省の対応には、疑念を抱かざるを得ません。

カビ汚染の可能性は現場なら当然知っていたはずです。汚染が見つかると米国との関係はまずいことになるというので、MA米の順調な輸入のために見つけにくいやり方をとっていたのではないでしょうか。汚染米の食用転売事件のみならず、これまで食用として売却されてきたMA米から、国産米にはない、アフラトキシンB1による深刻な発ガンリスクがばら撒かれていたという事実には、言葉を失うほかありません。

穀物高騰、気象変動、為替変動、原油高、紛争などで、輸入が安定的に保障される時代ではなくなりました。各国には基本穀物を可能な限り自給することが求められます。政府はMA米の輸入をやめ、農業を保護する権利（食糧主権）を堂々と主張すべきです。WTO農業協定は穀物余剰を背景に作られた制度であり、状況が一変したいま、見直しすべきなのです。

減反をやめる政策

日本農業を衰退に追い込んだあと一つの原因が減反です。日本人の悲願であった米の自給を達成したのがいまからわずか四六年前の一九六三年です。その翌々年から減反がはじまり、七〇年に本格化しました。現在の全国の水田面積は約二五〇万ヘクタール、減反はすでにその四割に達しています。二〇〇七年、〇八年と海外市場で米が高騰し、買えない国々では暴動が起きる事態となっているのに、日本ではさらなる減反強化策がとられています。〇七年一〇月末に、「米緊急対策」が発表され、〇八年度からの減反強化が打ち出されました。〇八年産米の生産目標数量は、前年の生産実績より三九万トン少ない八一五万トン。達成するには作付面積を一〇万ヘクタールも減らさなければならないとしています。

戦後六〇年間、復興・再建から開始された農業政策は、農業の方向を「産業としての農業の確立」に見出しました。農業の工業化マニュアルを全国一律に実現させる手段として、「農政への服従」を基本に置き、ありとあらゆる補助事業や助成事業を金融制度とセットにした誘導政策をとる、今日に至る農政の施策パターンを繰り返してきたのです。その典型が減反です。交付金をぶら下げ裁量権を振りかざして、農林水産省の官僚が描いたシナリオどおりに農家を従わせるやり方は、農家の自由な主体的経営能力を奪ってきた元凶ではないでしょうか。減反は政府が上から割り当てるのではなく、農家の自主的な判断にゆだねるべきだと思います。

減反は米余りを防ぐためと農家へ説明されてきましたが、米余りをなくすには、まずMA米輸入をやめることです。そして、現在わずかな備蓄米を、不測の事態になっても国民を飢えさせることのない量に切り替えることです。さらに米不足で支援を求める国々へ（米国にお伺いを立てることなく主体的に）米援助を行えば、余って困ることはなくなります。

なお、EUは、〇八年五月、「共通農業政策」の改革案を加盟二七カ国に提示し、国際的に論議を呼んでいるバイオ燃料用作物の生産に対する奨励金の撤廃と、これまでEU域内で進められてきた耕作地一〇%の減反の廃止を決め、農産物の生産量向上をはかろうとしています。

少なくとも半年分の米備蓄を

気象大変動が実感される今日、食糧減産は現実的に迫りつつあります。近年、穀物備蓄が世界規模で減少し危機水準に達しています。一九九三年の大凶作の経験から政府は備蓄を制度化しました。一〇〇万トン（消費量の約一・四ヵ月分）程度をめどとして回転備蓄とし、それは一定期間保管したのち主食用に販売されています。二〇〇四年在庫は一〇〇万トンを切って八五万トンでした。備蓄量として、少なくとも半年分三五〇万トン、安全保障としては一年分七〇〇万トンくらいの備蓄が必要だと思います。

財政負担を理由に、備蓄量を減らせとの財界からの掛け声でここまで下がったわけですが、五兆円近い軍事費と比べれば微々たるものです。一万トン当たりの備蓄費用は約一億円だそうですから、七〇〇万トンの備蓄でたかだか七〇〇億円。イージス艦一隻（約一〇〇〇億円）分にもなりません。

昔から農民は一定の量を備蓄米として確保し、二百十日が過ぎてその年の作柄が決まるまで貯蔵しておきました。次の収穫が確保できるまで持ちこたえられる、少なくとも半年分くらいの米備蓄は、国民のいのちを守るため、国家として当然行うべきことです。これこそが軍事よりなにより備えるべき国家安全保障であり、国防の要ではないでしょうか。

秋田の農家から聞いた話ですが、稲が実ると、そのもっとも出来の良い稲の束を括って切り取り、神棚のまわりに飾る「稲飾り」の習慣があるそうです。これは、万が一の凶作のときの種もみの備えだったそうです。種もみを含め、国家が必要十分な食糧備蓄を整えなければ、国民は安心して暮らせないというものです。

大豆作りの「技」の消滅

大豆、雑穀、菜種は、いまや生産消滅の危機にあります。この危機の深さは、単に絶対量の少なさ、自給率の低さにあるのではなく、生産の放棄を余儀なくされたことにあります。いまでは農家が大豆の作り方がわからない、雑穀の作り方がわからないといった状況なのです。たとえば種の播き時はその土地土地によって違います。村から望む山の雪が溶けて鞍の形になったときにとか、こぶしの花が咲いたらとか、その土地での作物の播き時が伝えられてきました。

遺伝子組み換え大豆を食べたくない消費者が、農家とともに国産大豆を作って食べるという「大豆畑トラスト運動」をはじめたとき、農民作家の山下惣一氏が共鳴して大豆生産に取りかかったのですが、山下氏の住む唐津では大豆生産が行われなくなって久しく、情報がないまま播いた種は芽を出さなかったそうです。翌年は古老に教えを請うてようやく発芽を見ることができたと話されました。これを聞いて、農業の維持には、「種子」「作り

わが国の食料消費構造の変化（国民１人１日当たり供給熱量の構成推移）

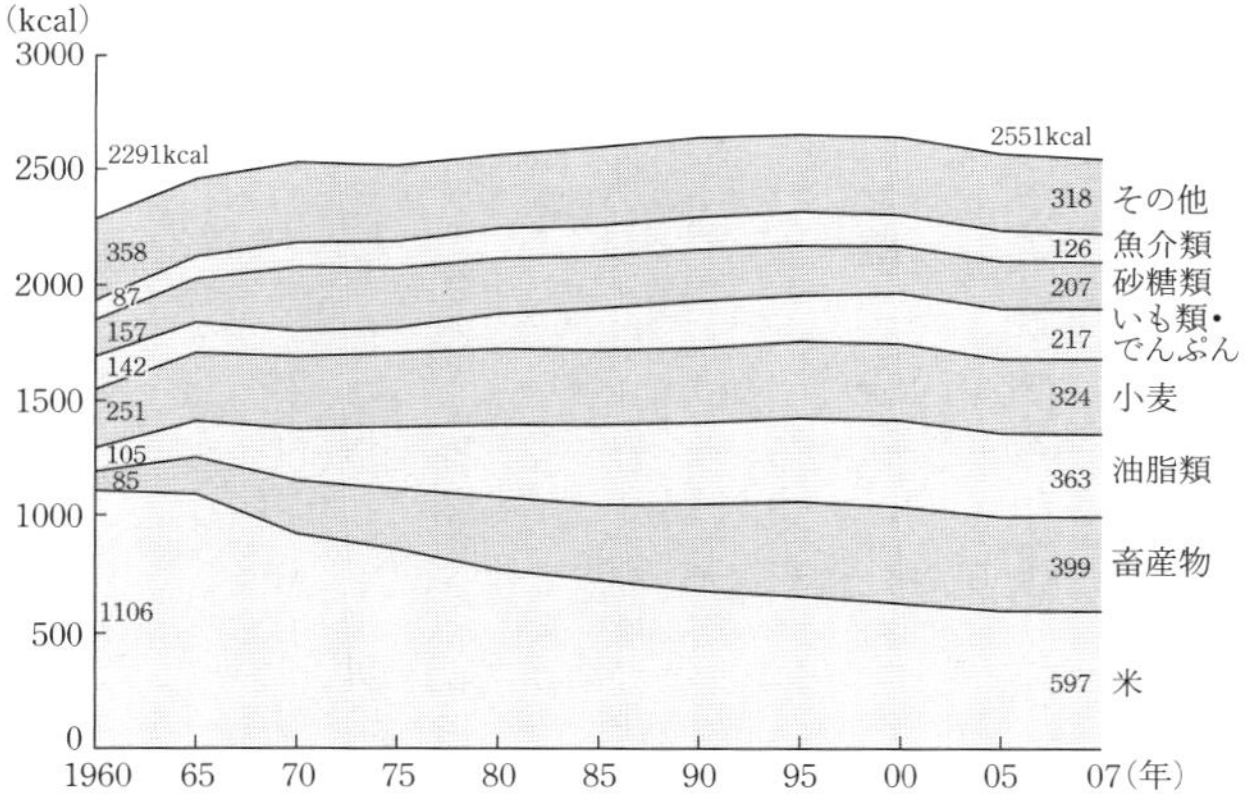

農林水産省「平成18年度食料自給率レポート」より

手」「農地」、それに加えて「技と知識の伝承」、この四つが不可欠なのだと思わされました。そのためには生産の灯を消してはいけない、作り続けることが肝要なのです。

減り続ける米消費

米の消費量は一人一年当たり一一八・三キログラム（一九六二年度）から六一・九キログラム（二〇〇三年度）と、四〇年間で半減してしまいました。これに対し、肉類は五倍、油脂類は三倍と大幅に増加しています。パン用小麦も、畜産飼料も、油脂用穀物（大豆、菜種、コーン、綿実）もほとんどが輸入です。米を食べるのをやめて輸入作物を食べるようになった日本人。それが生活習慣病の蔓延と無関係ではないのです。米こそは栄養バランスがもっとも優れた恵みの穀物であり、日本列島に生まれついた私たちの僥倖といえるものです。そして水田こそは日本の誇るべき資源です。

ご飯を主食とする和食は、洋食より栄養バランスが良く、健康食と世界的に評価されています。子どもや若い人たちに、朝食を食べない欠食、ダイエットや加工食品依存による栄養不良（所要量の八〜九割程度しか摂取できていない）の状況が見られ、健康や精神への悪影響が懸念されています。このような食では当然、ご飯の割合が低くなります。知っていただきたいことは、脳のエネルギー源はブドウ糖だけで、ブドウ糖はでんぷんから作られることです。ご飯は胃袋に充足感を与え、そのでんぷんはブドウ糖に変化し、穏やかに血糖値に作用します。精神は安定し、脳の活動も活発になるのです。

学校給食は輸入小麦で作ったパンではなく、すべて米食に切り替えるべきです。最近は米を微粉末にする技術開発によって米粉パンが普及しはじめています。米をしっかり食べることは健康のためのみならず、水田維持につながり、自給を高め、胃袋を外国に押さえられて隷属することもなくなり、他国の食を奪わないで平和国家として立ちゆく道なのではないでしょうか。風前の灯の日本の食料基盤、水田を回復する道は、消費者の「選択」

（買い物行動）と「食べ方」にかかっています。

できるだけご飯を炊き、季節の生鮮品を使って日常的に料理をしていれば、健康を維持しておつりがきます。子どもには大いに台所を手伝わせ、調理技術を身につけさせたいものです。

減少する農家と耕地面積

「二〇〇〇年世界農林業センサス」によると、日本全国の農家総数（自給農家も含む）は三一二万戸で、年々減少傾向にあります。そのうち、農産物をなんらかの形で出荷している農家は約二五〇万戸弱で、いわゆる専業農家は約六一万戸しかありません。一九六〇年から見ると約五割も減少しています。とくに近年、稲作農家に占める「中核農家」（一六歳以上六〇歳未満の男子で、年間自家農業従事日数が一六〇日以上の者のいる農家。高い生産性と農業所得を実現できる農業経営体のこと）の割合も減少しており、八五年頃には二割程度占めていたものが、いまでは一割強にまで落ち込んでいるのです。また、農村における六五歳以上の農家人口比率は三〇%と、国内総人口の高齢者割合一五%と比較して高く、農村の高齢化が顕著になっています。

平場では一枚当たりの農地面積は広くなり、機械化も進みました。しかし、山に開いた段々畑は効率化できないため財政的に打ち捨てられ、耕作放棄地となって灌木が生え、石垣は崩れ、山に戻っています。

全国の田んぼ・畑の耕地面積は約四七六万ヘクタールですが、毎年のようにそれぞれ約二万ヘクタールずつ減少し続けています。水田二万ヘクタールは、米の生産量に置き換えると約一〇万トン。毎年それだけの生産力が失われていることになります。

耕地面積は、一九六〇年から二〇〇〇年までの四〇年間に、田んぼが約七二万ヘクタール以上、畑が約五〇万ヘクタール以上と、合計で約一二〇万ヘクタール以上減少しています。宅地への転用と、耕作放棄による農地の潰廃が進みました。耕作放棄地は、作付意思がありながらも不作付の農地を含むと、五〇万ヘクタール以上に拡大しています。耕作放棄地の拡大は、農業者の高齢化に伴うリタイアの増加に加えて、農政が強要する減反が大きな原因です。

ひと昔前まで日本の水田の水は、山に降った雨が腐葉土を潜り、その栄養価を山の田んぼにもたらしながら、上の田から下の田へと順次注ぎ下って川に流れていました。筑波の田んぼで田植えを手伝っていたとき、向こうに見える筑波山に雲がかかって雨が降ったかと思ったら、まもなくコンクリート三面張りの川を増水した水がどっと流れてきました。この水は田んぼを通らず、まっしぐらに霞ヶ浦へ注ぎ込みます。では田んぼの水はどこから来るのかというと、田の入口に敷設された蛇口からなのです。この水は霞ヶ浦から引いてきた水というのには驚きました。山からの水を使わず、汚れた霞ヶ浦の水を水道管でわざわざ引いているのです。近代化農業の合理主義は、どこかボタンの掛け違いがあるように感じたものです。

口蹄疫の発生と輸入稲わら

国際的に最重要家畜伝染病とされる口蹄疫が、二〇〇〇年に、日本で九二年ぶりに二カ所で発生し畜産関係者を震撼させました。口蹄疫は、牛・豚などの家畜に発生する急性伝染病で、対策としては隔離・処分しかありません。七四〇頭余りが屠殺処分されました。感染源は中国産の輸入わらに付着していたウイルスと見られています。わが国は島国という地理的条件に加えて、輸入検疫の努力もあり、今世紀初頭の発生以来長く清浄を保ってきていたのです。

日本に稲わらがたくさんあるのに、なぜ家畜伝染病ウイルスや稲の病害ウイルスをもたらすリスクのある輸入稲わらを使うのか。それは国内の稲作と畜産が分断され、しかも大規模化した畜産に必要な大量の稲わらを畜産地へ国内輸送するのはコストがかかるからです。中国産を輸入するほうが安くすむのです。

かつて農家は複合経営でした。稲を作り、稲わらを数頭の家畜の餌や敷きわらとして使い、また作物の結束、注連縄・注連飾りと生活用具に利用し、最後は土に返して田畑の肥料としていました。こうした、廃棄物を生まない、物質循環のあった農業は、近代化農業のコストというものさしでばっさりと切られてしまったのです。

今日でも、水田畑作と畜産において、地域の中で餌と肥料を交換し合うことはできます。しかしその関係が成立し得るのは、そこそこの規模であって、大規模畜産では無理です。そこそこの規模で畜産経営が成り立つには、品質の良いものを作り、それがそれなりの価格で販売できることが前提です。体に必要な量を超えて食べていることが成人病蔓延の原因ですから、消費者は「少なく食べる」ようにすること、「品質の良いものを少し」を指標にすることとです。そうすれば健康を守ったうえ、かかる金額はトータルでは変わらないのです。コストぎりぎりの安さを追求した畜産物とは、輸入の遺伝子組み換えトウモロコシや大豆、あるいはたくさんの栄養剤や抗生物質の入った餌を食べさせられ、運動もなしに強制的に太らされて、早々に出荷されるものなのです。

食糧難の時代が到来するという予測が方々で出されているにもかかわらず、日本は穀物自給率は世界にまれな二八％という低さ、飼料自給率も二五％でしかありません。それでいて減反を実質強制し、ＭＡ米の輸入を続け、稲わらまで輸入する有様です。目先のコストだけを指標にする哲学のない近代化農政とは、亡国の農政ではなかったかと思わざるを得ません。

第六章

食の未来を展望する

脱グローバリズム・脱石油の農業へ

オイルピークの影響を受ける近代化農業

産業革命以来続いてきた経済の成長は、石油や鉱物などの資源が豊富にあり、しかも非常に安価に採掘できたことによります。しかし、ブリティッシュペトロレアム社によると、世界の一人当たりの石油生産量は一九七九年にピークを迎え、それ以後ひたすら減少しているといいます。

近代化農業は大型機械や施設栽培、農薬、化学肥料とどれも石油によって成り立ってきました。人類がオイルピークを迎えたいま、近代化農業の先行きはあやしくなっています。米国の大手化学企業はオイルピークに注目して、衰退に向かう石油化学工業からバイオなど先端技術産業へと方向転換しつつあります。そして、二一世紀の戦略商品は「穀物」であるとして、遺伝子組み換えの研究開発を集中させました。しかし、GM（遺伝子組み換え）穀物生産のありようは、石油に依存する近代化農業の延長線上を行く以外のなにものでもありません。

オイルピークはグローバリゼーションによって拡大してきた食料貿易にも影響を与えています。たとえば日本で消費が伸び続けてきた、年間二七〇万トン（二〇〇三年）にも上る冷凍食品は、中国の工場からトラック、船、そして日本国内の倉庫へと、輸送から保管に至るまで、マイナス一八度の冷凍が必要です。莫大な電力と石油を消費していることになります。海外から輸入、輸送し、加工、包装して、国内のスーパーマーケットに配達するのにも石油が使われます。オイルピークの影響を一番受けるのは、近代化農業と国際フードシステムなのです。

化学肥料は土壌劣化をもたらす

化学肥料の生産にも石油エネルギーが必要ですから、オイルピークを迎えた現在、その生産や価格に影響が出ています。肥料原料のアンモニアの国際価格は、原料の天然ガス高と世界的な肥料需要の拡大で、一トン約四〇〇ドルの最高値圏にあります。リン鉱石は枯渇を迎え、輸出国の輸出規制が行われるようになっています。化学肥料はリン鉱石や石油等有限の資源に依存し、自動車燃料と違って代替品はないのです。

化学肥料使用量は、一九六〇年の三〇〇〇万トン弱から一億五〇〇〇万トンへと五倍にも増えました。肥料投入によって穀物の生産量は増加しましたが、世界三大穀物生産国の米国、中国、インドにおける肥料消費量の変化を見てみますと、八〇年代から米国は二〇〇〇万トンの横ばいに対して、中国は二〇〇〇万トンから四〇〇〇万トンへと倍に、インドは五〇〇万トンから一七〇〇万トンへと三倍強に増加しています。しかし肥料一トン投入当たりの穀物生産量は、米国は一五～二〇トンで推移、中国・インドでは化学肥料投入がほとんどなかった六〇年に二〇トン強であったのが、現在一〇トン台へと低下していま す。肥料投入に伴う穀物生産増大効率は悪化しているのです。

それは、化学肥料の過大な投入が土壌劣化を招くからです。農地に残留する窒素化合物が土壌を酸性化させます。ほとんどの作物は、弱酸性から中性が生育しやすい環境といわれています。毛細根の少ない生育不良の植物は、病害虫等にも弱くなります。その結果、殺虫剤・殺菌剤等農薬を多用しなくてはならなくなり、病害虫の天敵まで殺してしまい、より一層病害虫が猛威を振るう悪循環に陥るのです。

土壌中の有効微生物と病原菌は、ともに有機物を餌としていますが、病原菌よりも有効微生物のほうが有機物を大量に消費するため、餌を奪われた病原菌は繁殖ができなくなり、休眠状態になります。しかし化学肥料や農薬を多用すると、有機物の餌を多く必要とする有効微生物が減り、有機物の餌が少なくてすむ病原菌が優勢となってしまいます。また土壌の団粒構造は、土壌中のミミズや微小生物によって作られるので、農薬や化学肥料の多用でこれらが減少すると団粒構造が崩れ、作物の生育に悪影響を与えます。化学肥料が土の肥沃度を損なうという結果を招くのです。

化学肥料がもたらす環境破壊

環境面からも限界が見えてきています。化学肥料の過大な投入は水質汚染をもたらし、いまその危機が急速に拡大しています。化学肥料は水に溶けやすく、畑に投入した五〇％ほどは地下水や河川に流亡して湖沼や湾を富栄養化させています。これにより植物プランクトンが大発生し（赤潮）、それが死んでバクテリアが分解する際には、酸素を大量消費するため水中が酸欠状態になり、魚など水生生物が大きなダメージを受けます。現在メキシコ湾には、米国農耕地からの肥料の流出により、酸素が乏しくなって海洋生物が生息できない「デッドゾーン（死の海域）」が、約一万五〇〇〇平方キロメートルにわたって広がっています。世界の海洋では、これまでに四〇〇以上のデッドゾーンが大陸沿岸で見つかっています。米国メキシコ湾や欧州の北海はじめ、日本沿岸も関東から東海以南が酷く、低酸素海域として確認されています。そして、その規模は広がり、発生頻度も増しているのです。

また、農地に残留する窒素化合物によって酸性化した土壌では、微量栄養分が失われ、重金属が土壌から流出して、飲料水などを汚染します。窒素化合物は、また、土壌中の細菌の働きで亜酸化窒素（N_2O）という無色のガスに変えられて大気中に放出されるようになり、これが酸素と反応することでオゾン層破壊に一役買っているのです。

亜酸化窒素は、注目されている温室効果ガスの一つでもあります。南極の氷の中には、農耕地の拡大とそれに伴う窒素肥料の散布に起因する、大気中の温室効果ガスの増大が記録されています。亜酸化窒素の温室効果は二酸化炭素の約三〇〇倍あり、大気中ですべて分解されるのに一二〇年かかります。京都議定書で削減対象になっている物質です。

中国では約四〇〇〇万トン／年の化学肥料を使っています。これは農地一ヘクタール当たりでは四〇〇キログラムになり、先進国の二二五キログラムという安全限界をはるかに上回る投入量です。統計によれば、一九八五年から二〇〇〇年の間に、一億四一〇〇万トン、一年当たりにして九〇〇万トンの窒素肥料が洗い流されて汚染物質に変わり、中国の湖沼の七五％、地下水の五〇％を汚染しているのです。

化学肥料で育てた野菜は味が薄いといわれますが、過剰な養分と一緒に水を吸収しすぎるためなのです。それだけでなく健康への影響もあります。作物に大量に残った硝酸態窒素（植物が吸収しきれなかった分）は、人の健康へ悪影響を与えています。硝酸態窒素は唾液によって亜硝酸態窒素に変化し、発ガン性が増し、血液中で酸素を運ぶヘモグロビンの働きを阻害してしまいます。乳幼児が酸欠症状を起こす原因にもなります。

このような、環境や健康への影響を含めた工業的近代農業の真のコストは、把握されようともしてこなかったのです。

米国近代化農業の果て——水不足

かつて米国農民は環境に配慮した農業を行っていました。等高線農法と呼ばれる、同じ海抜高ごとに土地を平らにしてまわりに土塁を築き、その中で耕作をして土壌流失を防いでいたのです。しかし、大規模農業が推進され、農家が大型機械を入れて耕作するようになると、邪魔な土塁を取り払ってしまいました。結果は、土壌流亡を招き、今ではたくさんの化学肥料を投入して生産を維持しているのです。

大規模農業が盛んになったのは第二次世界大戦後のことです。地球上で最大規模というオガララ帯水層の地下水を利用した灌漑によって、米国中部のグレートプレーンズと呼ばれる広大な半乾燥地帯が世界の一大食糧供給地に変えられました。揚水ポンプで汲み上げ、センターピボット方式（長大な棒状のスプリンクラーが円を描くように回って散水する灌漑のやり方）の自走式スプリンクラーが円を描きながら散水するので、畑は円状になります。上空からは、畑は「緑の円」のように見えます。その「緑の円」が何万とあるのです。

オガララ帯水層は、米国で灌漑される農地の五分の一に水を与えてきましたが、その水位が下がり続け、いまでは枯渇する井戸が続出しています。タダだった水も有料になり、さらに使用料が値上がりしたうえ、現在では灌漑制限措置がとられるようになりました。ネブラスカ州は新しい井戸を掘って水を取ることを禁止しました。また、取水を制限され、農業生産ができなくなったところも出ています。カリフォルニア州セントラルヴァレーも、涵養量を上回る過剰揚水が行われ、地下水量の枯渇が進んでいます。

灌漑農地が拡大した例としては、フーヴァーダムの建設が有名で、もともとは砂漠であった土地に五〇万ヘクタール以上の農地を創出しました。しかし、取水源であるコロラド川の水が減少し、ラスヴェガスのような都市への水供給と競合し、水資源をめぐる争いを激化させています。将来、このような地域では、これまでのような食糧生産は困難になると予測されています。

水ストレスの高い米国やオーストラリアなどが世界の食糧生産を担うことは、水収支の点から見ても合理的ではありません。またこれらの国に食糧を依存し続けることは、これら輸出国が、水不足を理由に、食糧の輸出ができなくなる事態を想定すべきで、自給への真摯な努力がいま、求められるのです。

エネルギー効率が低い近代化農業

近代化農業によって、労働者一人当たりの生産性は大幅に伸びました。しかしながら、収穫によって得られる食料のエネルギーと、栽培するために使用するエネルギーの比率からエネルギー生産性を計算すると、近代化農業は著しく効率が落ちていると、ジェレミー・リフキン[14]は次のように指摘しています。

二七〇カロリーのトウモロコシの缶詰一個分を生産するために、農機具を動かし、化学肥料や農薬を与えることで二七九〇カロリーが消費される。つまり米国のハイテク農場は、正味一カロリーのエネルギーを生産するために、一〇カロリー以上のエネルギーを使っているのだ。

いまや、化石燃料とすべての鉱物資源の埋蔵量は限界点に到達しようとしています。経済成長は地球の資源量に規定されますから、無限の経済成長というのはあり得ないことを認識すべきです。資源の限界点に近づき、経済は今後、停滞・縮小に向かっていかざるを得ないでしょう。経済成長期には、資材は安く、借金をしてでも規模拡大すれば儲けが大きくなるという構造がありましたが、この経済停滞期では、基本資材や燃料代が押し上げられ不安定になった生産コストを、生産物価格へ容易に反映できなくなっています。

人類は、これまでの経済システムや価値観とは異なる道へ踏み出すべき転換点に立っているのではないでしょうか。

割に合わない酪農の規模拡大

近代化農政の破綻が現実になったのが、現在廃業が相次ぐ酪農です。二〇〇六年秋頃からトウモロコシなど国際穀物価格が急騰しました。しかし米国発金融危機の影響で、穀物相場つり上げの主要因であった投機資金が穀物相場から引き上げ、また穀物生産量の増大などもあって、〇八年七月以降価格は低下に転じています。にも関わらず、穀物を原材料とする配合飼料価格は、二年前に比べて約四割上昇し、高止まりしたままです。牛乳の生産費に占める飼料費の割合は約半分を占め、その飼料費の八割は購入飼料費です。購入飼料の中心はトウモロコシ、大豆かす、マイロ（モロコシの一種）などを混合した配合飼料で、これは乳量の追求や高い乳脂肪分を維持するために必要なものなのです。飼料原料のほとんどは米国からの輸入です。

酪農は専門的な知識・技術が求められるため専業経営が多く、飼料価格の高騰による経営悪化で、廃業せざるを得なくなった農家が続出しています。

日本の酪農はこの五〇年間に急速な戸数減少と規模拡大が進みました。酪農家数は八〇年に一一万五〇〇〇戸だったのが、現在は五分の一の二万四〇〇〇戸に減りました。一戸当たり平均飼養頭数は一八・一頭から、六二・八頭に増加、とくに北海道では一〇一・三頭と大規模化が進みました。

多くの農産物と同様、生乳の加工・販売に関しては酪農組合、JA、乳業メーカーにほぼ完全に依拠しており、酪農家は独自の販売ルートをほとんど持ちません。一つの県で生産された生乳は、すべてJA経済連などの指定生乳生産者団体に出荷される「一元集荷」で、そこから複数の乳業メーカーに売られます。生乳の価格は、その質に関わらず、都道府県内均一の基準単価になります。そのため、酪農家が収益を上げるためには、飼育頭数を増やすか、一頭当たりの搾乳量を増加する以外に方法がありません。その結果、多頭飼育、濃厚飼料の多量投与、牛舎飼い、という工業化が進んだのです。

かつての酪農は放牧が主体で、飼える頭数は農場周辺で手に入る飼料の範囲と、自ずと決まっていたのです。しかし、輸入の飼料に依存することで、大規模化が可能となったのです。狭い国土の日本で、購入飼料で多頭飼育をし、挙句に糞尿処理に困るという事態にもなりました。

これは本来的に無理な経営形態であるといえます。外部から資材を購入しなければ生産できない経営ではなく、家計と同様、「出るを防ぎ、入るをはかる」のが経営安定の基本です。購入飼料に拠らず、飼料の自給量に合わせると、飼育頭数は限定されますが、有機畜産による「安全で健康」という質でなら勝負することができます。消費者ニーズに合致し、長い目で見た経営安定に資すると思われます。

牛の健康を無視した日本の酪農

構造の問題といえばもう一つ、酪農家は生産費の値上がりを乳価に反映することができない、つまり牛乳の値段を自分で決めることができないということがあります。

牛乳を買い取る乳業メーカーは、「乳脂肪率三・五％」を基準として乳価を決め、それを下回る場合は、飲用乳ではなく加工用として買い取り価格が大幅（半額以下）に引き下げられてしまいます。

自然放牧では、春から夏にかけて青草をたくさん食べた乳牛たちが出す乳は、脂肪分やタンパク質の成分が低くなり、乳脂肪率が三・〇％近くまで下がります。暑くなれば脂肪分が減るのは牛の生理として自然のことです。しかし、乳脂肪率を三・五％以上に保つためには、放牧酪農をやめ、牛舎において濃厚飼料を多く与える以外にありません。濃厚飼料のほとんどは米国からの輸入であり、これを仲介したのが農協でした。こうして、日本の放牧酪農は事実上消滅したのです。

牛は草食動物ですから、粗飼料（草）を飼料全体の三〇％以上与えないと胃腸障害を起こします。しかし酪農家は、高い乳脂肪率の牛乳を作ろうと、濃厚飼料をたくさん与え続けて牛の体に負担を強いていています。

牛は反芻胃を含め四つの胃があります。食べたものはまず胃に行き、口にもどして反芻されたものが再び第一胃へ行きますが、この胃は第二胃とつながっています。内容物は二つの胃を自由に出入りし、二つ合わせて反芻胃といいます。第一胃には微生物がたくさんいて、硬い草の繊維は発酵・分解され、さらに反芻され流動体になると、第三胃、第四胃へと送られます。牛はこの第一胃の微生物が作り出した栄養素を摂取しているといえ、草食というより微生物食といったほうが正しいかもしれません。その第一胃は一番大きく、胃壁も厚く、強靭で深いひだがあります。しかし、濃厚飼料ばかり食べさせられた牛の第一胃は、中の微生物は死滅し、肥溜めのようになって退化し、薄く変形してしまっています。

また、日本の乳牛の九七%は、いまでは牛舎の中で飼われており、それは北海道においても同様です。放牧するとエネルギーが奪われて乳量が少なくなるため、牛舎飼いで運動量が制限されます。栄養価の高い穀物飼料と、高カロリー・高タンパクの配合飼料（カルシウム、ビタミン剤、酸化防止剤、魚粉、脱脂粉乳などを添加）を大量に与えられます。かくして、多いものでは一日三〇キログラム、年間約九〇〇〇キログラムの牛乳を「生産」するようになります。自然放牧される牛の泌乳量がせいぜい一日一五キログラムだそうですから、二倍の生産量です。一キログラムの乳を出すには四〇〇倍の血液が必要といわれています。

体の機能を酷使するため、必然的に健康状態に恒常的な問題を抱え、病気にかかりやすくなり、頻繁に抗生物質、栄養剤、強肝剤が打たれます。本来牛の寿命は二〇年前後といわれていますが、体を酷使し続けた雌牛は六年前後で廃牛とされます。このように牛の健康を犠牲にした工業的酪農の牛乳が、果たして健康食品といえるのかどうか、疑問に思います。

農産物の規格化は誤り

酪農家がこれだけ乳脂肪率にがんじがらめにされている一方、乳業メーカーは低脂肪乳を市場に投入したり、利ざやの大きい加工乳や乳飲料の販売に力を入れています。乳飲料というのは、脱脂粉乳などの乳製品を原料として加工したもので、生乳を原料に使っていなくてもよいことになっています。無脂乳固形分に関しては三％以上という規定がありますが、乳脂肪に関してはありません。

輸入の安い脱脂粉乳などを原料にしていながら、カルシウム添加で健康食品のイメージをアピールする乳飲料などと、搾ったまま熱処理しただけの生乳一〇〇％の牛乳との「質」や「価値」の違いを、消費者はわかるようになってほしいものです。搾った生乳に一番近いのが、低温殺菌ノンホモジナイズド乳です。また本物のヨーグルトは生乳一〇〇

%のものです。

生乳には工業製品規格のように一定の高脂肪を要求し、一方で健康のためにと低脂肪乳を投入し宣伝する乳業メーカーの矛盾。こうして生乳一〇〇%の飲用乳は消費が減少したため、牛を殺して減産が進められました。ところが減産によって今度はバターが不足となりました。急に増産といわれても、牛は工業製品ではありませんから、子牛が育つための一定の時間がかかります。これが市場からバターが久しく姿を消してしまった背景です。「乳脂肪率三・五%」の基準は、乳業メーカーが乳価を買い叩くためのものであり、工業的酪農の矛盾と限界が現れています。

また、農産物の大きさや色など見栄えの細かな規格化も同様です。農産物の真の価値である、おいしさ、鮮度、安全性とは別の価値で取引価格が決まる流通システム。選別化やトレー包装などを、無選別・量り売りという形にすれば、高いと批判されてきたコストが下がります。見栄え規格のために、多量の農薬散布が行われ、ランクづけによって、同じ手間ひまかけたものが等級落ちして安値で叩かれるという構図は、日本の米、野菜、果実、牛乳など農産物全般にわたる悪しき構図です。日本農業を再生させるには、まず、ここから変革することです。行き過ぎた規格化は、自然産物を工業の論理で扱う誤ったものです。

生産者と消費者はそういうものと慣らされてきましたが、自分たちが割を食っていることに気づく必要があります。

日本有機農業研究会の設立

生産者が自身と食べる人の健康を守る農産物を作り、それを理解し求める消費者と直接つながる「提携」という考えは、有機農業運動から起こりました。生産と消費の双方を通じて手作りの価値に目覚める地産地消も、グローバリズムとは行き先を異にする、地域循環の考えに立つ有機的思想から生まれたものです。

一九七一年に創設された日本有機農業研究会の結成趣意書は次のような書き出しではじまっています。

科学技術の進歩と工業の発展に伴って、わが国農業における伝統的農法はその姿を一変し、増産や省力の面において著しい成果を挙げた。このことは一般に農業の近代化と言われている。このいわゆる近代化は、主として経済合理主義の見地から促進されたものであるが、この見地からは、わが国農業の今後に明るい希望や期待を持つことは甚だしく困難である。本来農業は経済外の面からも考慮することが必要であり、人間の健康や民族の存亡という観点が、経済的見地に優先しなければならない。……現在の農法は、農業者にはその作業に因っての傷病を頻発させるとともに、農産物消費者には残留毒素による深刻な脅威を与えている。また、農薬や化学肥料の連投と畜産排泄物の投棄は、天敵を含めての各種の生物を続々と死滅させるとともに、河川や海洋を汚染する一因ともなり、環境破壊の結果を招いている。そして、農地には腐植が欠乏し、作物を生育させる地力の減退が促進されている。これらは、近年の短い期間に発生し、急速に進行している現象であって、このままに推移するならば、企業からの公害と相俟って、遠からず人間生存の危機の到来を思わざるを得ない。事態はわれわれの英知を絞っての抜本的対処を急務とする段階に至っている。

日本の有機農業運動は、農薬・化学肥料漬けの近代農法や食品添加物多用の加工食品氾濫という農と食への危機感から、これを転換しなければと考える人たちによってはじめられました。有機農業は特別のものを指すのではなく、「正しい農業」「真の農業」とでも唱えるべきものであると、日本有機農業研究会の創立者の一人である一楽照雄は述べています。つまり本来あるべき姿の農に引き戻そうとするものなのです。地力を維持し、作物の体質を強健にして病害虫の被害を少なくする。そして滋養に富み美味な食物を収穫するためには、土に対して化学製品の投与をつつしみ、有機物の投与に努めなければならない。このようなことを実行する農業として、「有機農業」という呼称を、日本有機農業研究会を結成するに当たって使いはじめたと趣意書にあります。

有機農業の思想

一楽照雄は、会の名称をつけるのに先立ち黒沢酉蔵[*15]を訪ねました。黒沢から「機農」という『漢書』のことばを教えられ、その意味は「天地、機有り」と聞いて天啓を得たのでした。「機」とは大自然の運行のしくみであり、天地、すなわち自然の理（ことわり）を尊重する、自然の側に基準を置いた農業といえます。これに対し近代化農業は、人の側に基準を置いた自然制圧農法といえます。「有機農業」とは、単に農薬を使わず、有機物を土に入れた農業といった方法論によるだけのものではなく、思想なのです。

一楽照雄は『有機農業の提唱』（一九八九年）の中で次のように述べています。

肥沃な土にはきわめて多くの微生物や昆虫が生息しており、それらが作物の健全な育成に偉大な作用をしていることや、害虫の駆除に役立っていることなどを第一義的に重要視する。農作に適する土壌を、生きた土とか、土の中の生物社会として認識し、その培養のために必要なものとして有機物を土に還元する。これに反し土の生命を奪い土の社会を破壊するものとして、化学物質の土への投与を排するのである。有機農業のなんたるかをまったく知らないで、単に農薬や除草剤の使用を中止するのが有機農業のやり方であるかのごとく想像して、それでは収量がいちじるしく減少するとか、農家が生活できないとか、あるいは、そのような農産物は高価で高所得者だけしか入手できないなどと批判するのは見当はずれもはなはだしい。今日の近代化農業のやり方をそのままにして、急に農薬の使用を中止すれば、おそらくは、たいていの場合に大減収をまぬかれないのは当然である。有機農業においては、農薬を使わないのではなく、農薬の使用を必要としないようなやり方を打ち建てようというのである。

化学肥料の過剰使用により、土の栄養過多に耐えられず作物が枯れたり、病気が蔓延し、根も腐ったりします。また、塩類の集積で固まり、微生物は機能を果たせないという病んだ土壌になってしまいました。

植物と土壌微生物との密接な関係

有機農業の基本は健康な土作りです。健康な土には、虫や微生物が豊富に生息し、それらが見事な生命連鎖の活動をしているものです。土壌中の虫や微生物は、落ち葉や虫の死骸、排泄物など土中の有機物を餌として奪い合いながらも、共生しています。微生物は有機物を分解して、植物の根が養分として吸収できるようにしてやり、植物からは必要な養分をもらっているのです。

国際有機農業映画祭が二〇〇七年と〇八年に開催され、そこで『根ノ国』[*16]と『土の世界から』[*17]が上映されました。どちらも、普通は目にすることのない土壌中の虫や微生物の世界を光学顕微鏡などを使って映像化し、植物の根に養分をもたらす微生物の挙動やメカニズムを明らかにしています。生命は食物連鎖と物質循環で成り立っている事実を、視覚的に認識させてくれました。

植物と土壌微生物の密接な関係を見ていきましょう。たとえば根粒菌です。根粒菌は、空気中の窒素ガスと水素とを結びつけてアンモニア（NH_3）にすることができます。これが窒素固定です。植物では、葉に含まれる葉緑素が太陽の光をつかまえ、そのエネルギーによって、二酸化炭素と水から糖やでんぷんを作る光合成を行います。さらに光合成産物を材料として、植物の繊維の成分であるセルロースや細胞を形成するのに必要なタンパク質などを作ります。このうちタンパク質は、炭素、酸素、水素以外に窒素も含むので、それを作るには窒素が必要です。植物は空気中の窒素は利用できません。土の中には、窒素が水素や酸素と結合した化合物（たとえばアンモニア）があります。植物はこれらの化合物を水とともに根から吸収し、窒素源にしますが、土の中の窒素化合物は不足しやすいのです。しかし根についている根粒菌によって、窒素化合物が植物に与えられるのです。

これについて思い出すのが、九〇年代、米国オレゴン州立大学のエレイン・インガムらが行った実験です。エタノールを生産する遺伝子組み換え微生物を実験用の小麦畑に散布したところ、小麦がすべて枯れてしまったのです。それは、エタノールが根粒菌を殺してしまったからでした。バイオエタノール生産という課題に、こうした落とし穴があることを気づかせてくれた実験です。

普段意識されない微生物の存在ですが、食物連鎖、物質循環という生命活動の連環のキーパーソンが微生物なのだと思います。「健康な土」の重要性とはこのことを指しているのではないでしょうか。

有機農業推進法の成立

二〇〇六年一二月に「有機農業の推進に関する法律」が制定され、国と地方公共団体には、責務として有機農業を推進することが求められることになりました。この法律の中で有機農業の定義を以下のように定めています。

この法律において「有機農業」とは、化学的に合成された肥料及び農薬を使用しないこと並びに遺伝子組み換え技術を利用しないことを基本として、農業生産に由来する環境への負荷をできる限り低減した農業生産の方法を用いて行われる農業をいう。

日本でも、農薬、化学肥料、そして遺伝子組み換え技術を用いる近代化農業の反省にたって、あるべき農として有機農業はようやく認知されるようになったのです。

有機農産物の世界的な基準としては次の四つがあります。

（一）国際有機農業運動連盟（ＩＦＯＡＭ、民間の国際組織で一〇〇ヵ国以上約七〇〇の組織が参加）の基本基準（ＩＢＳ、一九八〇年に最初の基準を制定）

（二）コーデックス食品規格委員会（Codex Alimentarius、ＦＡＯとＷＨＯによる合同委員会）による指針（一九九九年制定）

（三）欧州委員会の有機農業に関する規制（一九九一年制定、九九年に有機畜産物に関する項目を追加）

（四）米国連邦有機プログラム（ＮＯＰ）の基準（二〇〇〇年制定）

これらのいずれの基準でも、遺伝子組み換え技術に由来した資材の使用を認めていません。

なお、米国有機食品生産法の施行規則案として、一九九七年一二月、遺伝子操作を容認する内容が公表されました。しかし、全世界から米国農務省に対し三〇万近い抗議のコメントが送られ、遺伝子操作は全面的に排除するとの方向転換がなされたのでした。

ＪＡＳによる有機農産物・畜産物の基準

日本でもコーデックス指針など世界の動向に合わせて、ＪＡＳ（日本農林規格）による有機農畜産物の定義を二〇〇六年一一月に改定しました。有機ＪＡＳで認められる農産物と畜産物は次のように定義されており、ここでも遺伝子組み換え技術の利用は一切認められていません。

◆**有機農産物**

一　種播き、または植え付け前二年以上、禁止された農薬や化学肥料を使用していない田畑で栽培すること。
二　栽培期間中も禁止された農薬、化学肥料を使用しないこと。
三　遺伝子組み換え技術を使用しないこと。

◆**有機畜産物**

一　飼料は主に有機の飼料を与えること。
二　野外での放牧など、家畜にストレスを与えずに飼育すること。
三　抗生物質等を病気の予防目的で使用しないこと。
四　遺伝子組み換え技術を使用しないこと。

◆**有機飼料（有機飼料の生産方法についての基準）**

一　原材料の重量に占める農産物、乳、および水産物など非有機の重量の割合が、五％以下であること。
二　生物の機能などを利用した加工方法を用い、化学合成によって生産された飼料添加物および薬剤の使用は避けること。
三　遺伝子組み換え技術を用いていないこと。

◆有機加工食品（有機加工食品の生産方法についての基準）

一　化学的に合成された食品添加物や薬剤の使用は極力避けること。
二　原材料は、水と食塩を除いて、九五％以上が有機農産物、有機畜産物または有機加工食品であること。
三　薬剤により汚染されないよう管理された工場で製造を行うこと。
四　遺伝子組み換え技術を使用しないこと。

持続可能な農業の道

二〇〇七年に行われた農林水産省の調査（「有機農業をはじめとする環境保全型農業に関する意識・意向調査」）によると、有機農業について、五割の農業者が、「現在、有機農業に取り組んでいないが、条件が整えば取り組みたい」を選択し、また「現在、有機農産物を購入している」または「手頃な値段になるなど条件がそろえば購入したい」を選択した消費者は九割以上になっています。

一九九〇年代半ばに商業栽培がはじまり、その後増加を続ける遺伝子組み換え作物の普及が、一方で消費者に有機農産物を志向させるようになったといえます。たとえ化学肥料や農薬を使用せず、環境への影響が小さいとしても、遺伝子組み換え技術を利用したものは有機農業では認められないのが世界的な基準・原則なのです。自然の理に反する人工的介入だからです。

自然界は多種の植物、動物、微生物たちが入り交じって共生し、多様性と調和性に富んでいます。近代化農業はその種の多様性を激減させ、遺伝子組み換えは遺伝子汚染を広げてきました。土壌の肥沃さを奪い、川や海を死なせ、水や石油という有限の資源を浪費することは、持続できないことがわかってきました。進むべき方向は私たちの前にはっきりと示されています。

二〇〇八年四月、国連後援の「開発のための農業科学技術国際評価」（IAASTD）は、世界各国四〇〇人の専門家が執筆した報告書を採択し発表しました。これは人口爆発や気候変動などといった難題に立ち向かうために、農業をどのように再構築すべきかを述べたものです。重要な結論の一つは、工業的で大規模な農業はもはや持続不可能だということです。安い石油に依存しすぎている点、生態系に悪影響を与える点、水を大量に利用する点、どれをとっても困難が目につきます。また、モノカルチャーよりも生物多様性のほうが重要であると結論づけています。穀物生産の改善のため、「伝統的な農法こそ環境的に持続可能」とし、長年顧みられることのなかった小規模な農村の役割の復活を強く訴えています。

また、国際稲研究所（IRRI）が中心となって推進した「緑の革命」の社会的及び環境的弊害を指摘しています。

IAASTDの共同議長ハンス・ヘレンによれば、実際のところ世界が悩んでいるのは、食料の「量」が足りないという問題ではなく、適切な場所に適切な食料が存在していないという問題なのだということです。また、バイオテクノロジーには一定の役割があるものの、遺伝子組み換え技術の与える利益については科学的に証明されていないこと、遺伝子の特許は農民や研究者に悪影響を与えるとの結論を出しました。

注

＊1――米国輸出管理法で輸出規制が認められる場合（輸出管理法第3条）

1. 国家安全保障上の事由
・米国の国家安全保障に不利益を及ぼすような、国の軍事力に相当の貢献をする可能性のある産品及び技術の輸出制限

2. 外交政策上の事由
・米国の外交政策の推進上または国際的義務の履行上必要とされる輸出制限
・外国の輸出制限が米国内の供給不足や価格高騰をもたらすかあるいはそのおそれがある場合、または米国の対外政策に影響を与える目的で適用される場合、そのような外国の輸出制限を撤廃させるために必要とされる輸出制限（薬品または医薬品の輸出は除く）
・国際テロリズム行為への支援をやめさせるために必要とされる輸出制限

3. 供給不足時の輸出規制
・希少資源の過剰流出から国内経済を保護し、外国需要によるインフレへの重大な影響を緩和するために必要な輸出制限

＊2――生物多様性に基づいた持続可能な農業を推進する国際的なNGO。

＊3――家畜の餌には大きく分けて、粗飼料（植物の葉や茎）と配合飼料（穀物）の二種類がある。

＊4——米国当局の投機マネー規制の動き、激しい株価の下落、米国大手保険グループの経営危機などによる投資不安で資金が逃げ出し、価格下落を誘発したとみられている。

＊5——二〇〇五年ドイツ・オーストリア映画。ニコラウス・ゲイハルター監督。

＊6——一九〇一年創業。二〇年代頃から硫酸と化学薬品の製造で業績を上げ、四〇年代からはプラスチックや合成繊維のメーカーとしても著名となった。同社を有名にした商品の一つはPCBであり、「アロクロール」の商品名で独占的に製造販売した。また、農薬のメーカーとしても著名で、ヴェトナム戦争で使われた枯葉剤の製造メーカーでもある。この枯葉剤には不純物としてダイオキシン類が含まれており、のちに問題となった。人工甘味料アスパルテームや遺伝子組み換えの牛成長ホルモンrBSTの販売、近年では除草剤ラウンドアップとそれに耐性を持つ遺伝子組み換え作物をセットで開発・販売している。

＊7——大量に散布した水が蒸発するときに、土中の塩分が地表近くに引き上げられる現象。

＊8——正式名称はAction Group on Erosion, Technology and Concentration。カナダのオタワに本部がある。一九七九年からRAFI（Rural Advancement Foundation International）として活動し、二〇〇一年にETCグループに名前を変更。バイオテクノロジーやナノテクノロジーなど新技術の社会経済的影響を見極め、生態学的な多様性と持続可能性、人権を守る活動を行っている。

＊9——同一の優先権またはその優先権の組み合わせを持つすべての文献を含むもの。

＊10——一九〇六年徳島県生まれ。九四年没。東京帝国大学農学部農業経済学科卒。農林中央金庫常務理事、全国農協中央会常務理事、協同組合経営研究所理事長、日本有機農業研究会代表幹

事を歴任。七一年に日本有機農業研究会を創立。人間の自立と互助を根底にすえ、協同組合運動に情熱を注いだ。協同活動の目的は、構成員の暮らしを守るだけでなく、公正な社会の実現にあるとした。氏の高い理想と哲学は、世に一楽思想と呼ばれている。

＊11――「食料の輸送距離」で、食料輸送が環境に与える負荷の大きさを表す指標。農場や漁場から消費者の食卓まで、食料を運ぶ距離に食料の重量を掛け合わせたもの。

＊12――英語の「トレース」（Trace: 足跡をたどる）と「アビリティ」（Ability: できること）の合成語で、「追跡可能性」と訳す。

＊13――二〇〇五年アメリカ映画。デボラ・クーンズ・ガルシア監督。日本有機農業研究会科学部日本語版制作（二〇〇六年）。農場から食卓まで企業支配が着実に進んでいる現代の食の状況を克明に伝える。

＊14――Jeremy Rifkin。世界的ベストセラー『エントロピーの法則』で知られる米国の文明批評家。『大失業時代』『バイテク・センチュリー』『水素エコノミー』『脱牛肉文明への挑戦』など多数の著作があり、科学技術、経済、環境などのテーマを将来の動向を展望しながら鋭い視点で論じ、常に重大な問題を提起している。現在はワシントンD・Cにあるエコノミック・トレンド基金の会長。

＊15――一八八五年茨城県生まれ。一九八二年没。一五歳のとき、足尾鉱毒事件を知って田中正造を訪ねる。自らも学生鉱毒救済会を組織して鉱毒根絶の農民運動のために奔走するが、治安当局の弾圧によって投獄される。裁判で無罪となった黒沢は心機一転、北海道に渡り牧夫となる。デンマーク農法の研究をはじめ、北海道の半分の面積で、土地は痩せ、天然資源の少な

いヨーロッパの小国が、実り豊かな、農民の生活水準も高い農業国になった要因は地力培養農業と、貧しい農民の協同の力であったことを知る。そしてデンマークの協同組合にならった理念のもと、雪印乳業の前身、北海道製酪販売組合の創立に参画するなど、北海道農業のために尽力した人物である。

＊16――一九八一年日本映画。荒井一作監督。東京写真工房制作。土壌微生物の映像化は世界初といわれている。

＊17――一九九二年日本映画。自然農法国際研究開発センター企画。MOAプロダクション・桜映画社制作。善本知孝（東京大学名誉教授）監修。土の中の世界を電子顕微鏡や微速度撮影を駆使したミクロ映像によって明らかにした。

あとがき

いま、木々の若葉が一斉に萌え出し、さまざまな色合いの新緑に彩られて、地上は生命力に溢れています。そんなおり、海外から、四月二六日の国際種子の日（International Seeds Day＝ＩＳＤ）を知らせるメールが入ってきました。ＩＳＤは「種子の支配」に警鐘を鳴らすもので、本書の主題と重なるものです。特許のない（patent free）種子、生物多様性、農民の権利、そしてこれらを踏みにじる「指令八一」のことをアピールしています。

イラクで「指令八一」が発令されたのが、二〇〇四年四月二六日でした。占領下のイラクで、連合軍暫定当局のブレマー行政長官が発令した一〇〇の指令のうち、「指令八一」は特許や植物品種保護などに関する指令で、アグロバイオ企業が望んでいる農民の種採りの禁止を、イラクで実現させるものでした。それまでイラク憲法では、生物資源の私的所有は禁止されていました。この指令により、米国が課した新しい特許法による種子の独占的権利システムが、イラクに持ち込まれたのです。

「新法の制定は、質の良い種子の供給のためであり、ＷＴＯ（世界貿易機関）への加盟を手助けするためだ、と当局はいう。しかし実は、モンサント社、シンジェンタ社、バイエル社、ダウケミカル社といった、世界中で種取引をコントロールする巨大企業を、彼らが望むように容易に、イラクの農業へ侵入させるためのものなのだ」と、ＩＳＤのアピールは非難しています。

私たちは、火の粉がわが身に降りかかるまでは、その危険性を認識しにくいものです。しかも巨大企業は、野心を隠した、巧みなプロパガンダを振りまきます。それはグリーンウオッシュと呼ばれ、農薬の使用が減るとか、環境を改善するとか、温暖化防止のためといった環境主義を騙り、あるいは、飢餓を救う、途上国のため、といった人道主義（ホワイトウオッシュ）を騙ります。私たちは美しいことばにだまされてはなりません。その裏にある、巨大企業の野心を見抜かねばなりません。

国内の農業生産を保護し管理するのも、また何を国内で生産し何を輸入するか、生産と貿易を決定するのも、その国の人たちの当然の権利です。それが「食料主権」というものです。ＷＴＯルールに対峙する食料主権は途上国の叫びでしたが、今日、日本にとっても身に迫る課題となっています。しかし本書で述べたように、解決の道筋は示されています。日本消費者連盟の代表委員であった故竹内直一氏は、食料問題こそもっとも深刻な政治課題だと認識され、世界的視野で取り組まれましたが、その見識に触れ、教えられたことが、私のライフワークとなりました。

また、消費者運動や有機農業運動を通じて、これまでじつに多くの心ある人たちと出会い、教えられ、助けられてきました。消費者・市民・労働団体の人たちをはじめ、法律家、生産者、研究者、政治家、ジャーナリスト、官僚、芸術家、企業人などさまざまな職業分野の方たち……。人と人とのつながりが、アメーバーのように広がっていくのが運動の源です。ここにお名前を記しませんが、あの方、この方のお顔を思い浮かべ、感謝の念を禁じ得ません。

二〇〇八年六月、「知と文明のフォーラム」主宰者のお一人青木やよひ氏のお計らいにより、二日間にわたるセミナーで考えてきたことをお話しする機会をいただきました。そのおり、平凡社の森淳二氏が執筆を勧めてくださり、執筆にあたっては、全面的にお世話になりました。本書にまとめることができ、深く感謝申し上げます。

二〇〇九年四月

安田節子

【著者】
安田節子（やすだ せつこ）
1990年から2000年まで日本消費者連盟勤務。1996年、市民団体「遺伝子組み換え食品いらない！キャンペーン」を立ち上げ、2000年まで事務局長。現在、食政策センター「ビジョン21」を主宰。日本有機農業研究会理事。著書に『消費者のための食品表示の読み方——毎日何を食べているのか』『遺伝子組み換え食品Q&A』（いずれも岩波ブックレット）、『食べてはいけない遺伝子組み換え食品』（徳間書店）など。

平凡社新書469

自殺する種子
アグロバイオ企業が食を支配する

発行日——2009年6月15日　初版第1刷
　　　　2013年7月3日　初版第2刷

著者——安田節子

発行者——石川順一

発行所——株式会社平凡社
東京都千代田区神田神保町3-29　〒101-0051
電話　東京（03）3230-6580［編集］
　　　東京（03）3230-6572［営業］
振替　00180-0-29639

印刷・製本—図書印刷株式会社

装幀——菊地信義

ISBN978-4-582-85469-5
NDC分類番号611.3　新書判（17.2cm）　総ページ208
平凡社ホームページ　http://www.heibonsha.co.jp/

平凡社新書　好評既刊！

666 経済ジェノサイド　フリードマンと世界経済の半世紀　中山智香子
経済学の深い闇に鋭く切り込み、経済学者の果たすべき社会的責任と使命を問う。

667 入門　日本近現代文芸史　鈴木貞美
近現代日本が歩んできた思想・文化全般における文芸の位置と役割を明らかにする。

668 ワーグナーのすべて　堀内修
生誕200年。刺激的な上演とワーグナーの持つ〝毒〟と〝魔力〟を熱く語る。

669 現代アラブ混迷史　ねじれの構造を読む　水谷周
中東はなぜ分かりにくいのか？　素朴な疑問に答える、アラブ理解に必読の書。

670 将棋の歴史　増川宏一
謎多き「将棋の歴史」について、最新の研究成果とともに、近年の将棋熱まで語る。

671 江戸川柳　おもしろ偉人伝一〇〇　小栗清吾
権威なんて糞喰らえ！　江戸っ子が知恵と皮肉の限りを尽くしてシャレのめす！

672 ことわざ練習帳　永野恒雄
初級から難問まで48問。先人たちの知恵を楽しく学んで、あなたもことわざ通に。

673 にっぽん鉄道100景　野田隆
日本全国に見られる鉄道風景を切り取った、どこから読んでも楽しい鉄道読本！

平凡社新書　好評既刊！

674 カタルーニャを知る事典　田澤耕
ガウディーやFCバルセロナで知られるカタルーニャの魅力を第一人者が紹介。

675 犬の伊勢参り　仁科邦男
犬が単独で伊勢参りをする。江戸後期から明治にかけて本当にあった不思議な物語。

676 バッハの秘密　淡野弓子
バッハの音楽にひそむ修辞学・数秘術・隠喩の魅力を練達の指揮者が解き明かす。

677 一冊でつかむ日本中世史　平安遷都から戦国乱世まで　武光誠
武士の誕生の起点となった平安時代から、秀吉の天下統一に至る時代に焦点を当てる。

678 日本経済はなぜ衰退したのか　再生への道を探る　伊藤誠
日本経済に打撃を与えてきた近年の世界恐慌に考察を加え、直すべき課題を明かす。

679 憲法九条の軍事戦略　松竹伸幸
対米従属派の没論理を批判し、九条と防衛の両立をめざすプラグマティックな論考！

680 「家訓」から見えるこの国の姿　山本眞功
危機を乗り越える知恵の変遷をたどるとき、意想外なこの国の姿が見えてくる。

681 国家が個人資産を奪う日　清水洋
長期化するデフレ脱却策も含め、階層別に「その日」に備えた資産防御法を説く。

平凡社新書　好評既刊！

682 イスラーム化する世界　グローバリゼーション時代の宗教　大川玲子
人種差別からジェンダーまで、世界共通の問題に立ち向かうムスリムの姿に迫る。

683 ヴェルディ　オペラ変革者の素顔と作品　加藤浩子
生誕二〇〇年を迎える巨匠の知られざる生涯と、全作品の魅力のすべてを紹介する。

684 大相撲の見かた　桑森真介
攻防の駆け引きや力士の攻めの型など、相撲観戦が楽しくなる見どころを紹介。

685 伝説の天才柔道家　西郷四郎の生涯　星亮一
小説や映画で人気を博した『姿三四郎』のモデル、西郷四郎の波乱に満ちた生涯とは。

686 桜がなくなる日　生物の絶滅と多様性を考える　岩槻邦男
日本人にとって植物の象徴である桜をきっかけに、生物多様性の大切さを伝える。

687 トリスタン伝説とワーグナー　石川栄作
ワーグナーの楽劇「トリスタンとイゾルデ」の全貌が、ここに明らかとなる。

688 世界の王室うんちく大全　八幡和郎
世界を支配してきた王様のことがわかると、今が面白いくらいよく見えてくる！

689 コミュニティを再考する　伊豫谷登士翁　齋藤純一　吉原直樹
政治、経済、社会学の側面から、現代の重要キーワード・コミュニティを読み解く。